Hartmut Esslinger

Schwungrat

Hartmut Esslinger

Schwungrat

*Wie Design-Strategien
die Zukunft der Wirtschaft
gestalten*

Deutsch von Kirsten Arend-Wagener

**WILEY-
VCH**

WILEY-VCH Verlag GmbH & Co. KGaA

1. Auflage 2009

Alle Bücher von Wiley-VCH werden sorgfältig erarbeitet. Dennoch übernehmen Autoren, Herausgeber und Verlag in keinem Fall, einschließlich des vorliegenden Werkes, für die Richtigkeit von Angaben, Hinweisen und Ratschlägen sowie für eventuelle Druckfehler irgendeine Haftung.

Bibliografische Information der Deutschen Nationalbibliothek

Die Deutsche Nationalbibliothek verzeichnet diese Publikation in der Deutschen Nationalbibliografie; detaillierte bibliografische Daten sind im Internet über http://dnb.d-nb.de abrufbar.

Printed in the Federal Republic of Germany

Gedruckt auf säurefreiem Papier.

Satz K+V Fotosatz GmbH, Beerfelden

Druck und Bindung Ebner & Spiegel GmbH, Ulm

Umschlaggestaltung Christian Kalkert, Birken-Honigsessen

ISBN: 978-3-527-50492-3

Ich danke
meiner Ehefrau und Geschäftspartnerin Patricia Roller
(sie inspirierte mich zu den den Zukunfts-Kapiteln)
meinen Kindern Marc (von ihm ist der Titel »Schwungrat«),
Nico, Max und Anna (von ihr ist der englische Titel »a fine line«),
meinem Lehrer Karl Dittert,
meinem ersten Kunden Dieter Motte,
meinen Freunden innerhalb und außerhalb von frog design,
meinen Weltklasse Studenten
und meinen mutigen Kunden.

Inhalt

Schwungrat. Hartmut Esslinger
Copyright © 2009 WILEY-VCH Verlag GmbH & Co. KGaA, Weinheim
ISBN: 978-3-527-50492-3

Vorwort

Vor Jahrzehnten, als der Apple II vorübergehend die Computer-Landschaft regierte, saß ich auf dem Beifahrersitz eines Mercedes, der von Steve Jobs über die hügeligen Straßen in Woodside, Kalifornien gesteuert wurde. Steve lobte gerade die Benutzerschnittstelle, die in der Fenstersteuerung des Pkw integriert war, als er plötzlich auf einen außergewöhnlichen Industriedesigner zu sprechen kam, den er gerade in Bayern besucht hatte und der darauf bestand, mit halsbrecherischer Geschwindigkeit zu fahren. Dieser Mann war Hartmut Esslinger.

Viele Jahre später saß ich durch einen dieser eigenartigen Zufälle des Lebens genau zu dem Zeitpunkt im Vorstand von Flextronics, als es Hartmuts Unternehmen frog design übernahm. Dennoch wurden mir erst, als ich dieses Buch las, all die Orte bewusst, die Hartmuts Fingerabdruck tragen. Viele Menschen wissen von der wegweisenden Arbeit, die er für Sony und Apple geleistet hat. Erheblich weniger wissen, dass das ergonomische Design einer Reihe von dentalen Einrichtungen und Instrumenten für Zahnarztpraxen, die Erste-Klasse-Abteile der Lufthansa-Flugzeuge, das Windows-Logo und die exquisiten Louis-Vuitton-Produkte ebenfalls seine Handschrift tragen.

Hartmuts Buch beschreibt die Gedanken eines Mannes, der sein Leben der Herausforderung, das Ästhetische untrennbar mit dem Funktionalen zu verbinden, gewidmet und dabei den Gefahren der

Schwungrat. Hartmut Esslinger
Copyright © 2009 WILEY-VCH Verlag GmbH & Co. KGaA, Weinheim
ISBN: 978-3-527-50492-3

Mittelmäßigkeit standgehalten hat. Seine Arbeit beweist, dass Geschmack triumphieren kann, dass Design und Produktion Seelenverwandte sein können und dass das Auge eines Einzelnen nicht nur ein Produkt sondern ein ganzes Unternehmen gestalten kann. Die Vorstellung, dass fein und präzise gestaltete Produkte das Schicksal von Unternehmen verändern und gleichzeitig unsere unverzichtbaren Begleiter werden können, verdanken wir Hartmut.

Michael Moritz
Partner
Sequoia Capital

Über Hartmut Esslinger

Geboren in Beuren, gründete Hartmut Esslinger 1969 im Alter von 25 Jahren frog design und baute das Unternehmen schnell zu einer der weltweit führenden strategischen Designfirmen auf. Hartmut Esslinger machte Design zu etwas, das Technologie eine persönliche Note verleiht. Seine stylischen, eleganten und benutzerfreundlichen Designs revolutionierten das Aussehen und die Funktionalität von Computersystemen, Unterhaltungselektronik und anderen High-Tech Produkten. Seine Beiträge zu Apple's »Snow White«-Designsprache führten zu der wegweisenden Apple II Computerserie, die vom *Time Magazine* 1984 mit dem *Design of the Year*-Preis ausgezeichnet wurde und Apple's Identität als trendsetzende, Anwender-orientierte Marke etablierte. In den letzten vierzig Jahren hat Hartmut Esslinger in Zusammenarbeit mit seiner Geschäftspartnerin und Ehefrau, Patricia Roller, zum Erfolg zahlreicher anderer globaler Firmen, darunter Acer, Adidas, AT&T, CitiCorp, Dell, Disney, GE, Hewlett-Packard, Honda, IBM, Kodak, Louis Vuitton, Microsoft, Motorola, MTV, SAP, Siemens, Sony, Sun Microsystems, Swatch, Virgin Mobile, Yahoo! und Yamaha, um nur einige zu nennen, beigetragen. Im Jahr 1990 bezeichnete ihn die Zeitschrift *Business Week* als den einflussreichsten US-amerikanischen Industriedesigner seit den 1930er-Jahren und als den ersten »Superstar des High-Tech-Designs«. Esslinger wurden mehrere hundert Design- und Innovationspreise und die Ehrendoktorwürde

Schwungrat. Hartmut Esslinger
Copyright © 2009 WILEY-VCH Verlag GmbH & Co. KGaA, Weinheim
ISBN: 978-3-527-50492-3

für Schöne Künste von Parsons The New School for Design verliehen. Seine Arbeit hat einen Platz in der Dauerausstellung des Museum of Modern Art in New York, des Smithsonian Institute und der Neuen Sammlung in München.

Nachdem er 2006 als Vorstandsmitglied bei frog design ausgeschieden ist, ist Hartmut Esslinger weiterhin als Dozent und Innovator aktiv. Er ist Gründungsprofessor der Hochschule für Gestaltung in Karlsruhe und Professor für konvergentes Industriedesign an der Universität für Angewandte Kunst in Wien. Außerdem ist er Vorstand für Design und Innovation der TELEFUNKEN HOLDING AG in Frankfurt/Main.

Heute ist frog design eine der weltweit führenden globalen Innovationsfirmen, die Unternehmen hilft, sinnvolle Produkte, Dienstleistungen und Erfahrungen zu erschaffen und auf den Markt zu bringen. Mit einem Team von über vierhundert Designern, Technologen, Strategen und Analysten bietet das Unternehmen vollständig konvergente Erfahrungen, die multiple Technologien, Plattformen und Medien umfassen. frog arbeitet über ein breites Spektrum von Branchen hinweg, unter anderem Unterhaltungselektronik, Telekommunikation, Gesundheitswesen, Medien, Bildung und Erziehung, Finanzen, Einzelhandel und Mode. frog hat seinen Hauptsitz in San Francisco, aber Niederlassungen in Austin, New York, San Jose, Seattle, Mailand, Amsterdam, Stuttgart und Shanghai. frog ist eine unabhängige Abteilung von Aricent, einem globalen Innovations-, Technologie- und Outsourcing-Unternehmen, dessen Eigentümer Kohlberg Kravis Roberts & Co., Sequoia Capital, The Family Office und Flextronics sind.

frog hat zahlreiche Preise gewonnen, darunter *Business Week* IDEA, Red Dot Design, *I. D.* Magazine und IF Award Auszeichnungen. Über die Arbeit des Unternehmens wurde umfangreich von Medien, Analysten und Forschern berichtet. frog ist Gast auf Konferenzen weltweit und veröffentlicht das preisgekrönte *Design Mind*-Magazin. Das Unternehmen hat bei der Einführung des Designers Accord geholfen, einem branchenweiten Programm zur Formulierung nachhaltiger Grundsätze für Designfirmen, und ist darüberhinaus im Beratungsausschuss von Design Ignites Change tätig, einer Initiative, die Design-Denken unter Studenten und Schülern fördert. frog ist außerdem Partner der PopTech, einem sozialen Innovationsnetz, das Unternehmer bei der Gründung von Firmen in jungen, aufstrebenden Märkten unterstützt.

Einleitung

»Tue etwas Wunderbares,
die Menschen könnten es nachahmen.«

Albert Schweitzer

Woher kommt Kreativität? Neurologen, Künstler und viele andere
Menschen haben zahlreiche Antworten auf diese Frage gegeben,
aber ich glaube, dass wir bereits mit dem Quell der Kreativität geboren werden. Es ist an uns, unser Talent zu entdecken, zu entwickeln, zu schützen und zu beweisen, dass wir es verdienen. Als
junger Mann – ich wuchs während der sozialen und wirtschaftlichen Umwälzungen, die Deutschland in der Zeit nach dem Zweiten Weltkrieg prägten, auf – musste ich einige schwierige, aber
notwendige Entscheidungen treffen, wie ich mein eigenes kreatives
Talent schützen und weiterentwickeln wollte – Entscheidungen, die
mit einem schmerzlichen Bruch mit der Familie begannen und zu
einer interessanten und befriedigenden Karriere als Designer, Unternehmer, Innovator, globaler Unternehmensstratege und Univer-
sitätsprofessor führten. Durch diese Entscheidungen überschritt
ich den schmalen Grat, der Kreativität mitunter von Bequemlich-
keit trennt, um mein eigenes Unternehmen frog design zu
gründen, das heute weltweit zu den Innovationsführern zählt. In
diesem Buch nehme ich Sie mit auf die abenteuerliche Reise, die
folgte: wie ich lernte durch die neuen Gewässer des kooperativen
Business-Design[1] zu navigieren und sie neu zu definieren. Ich

1) Der Begriff Business-Design bezieht sich auf die
kreativ-innovative Gestaltung von Geschäftsmodellen
und -vorgängen.

Schwungrat. Hartmut Esslinger
Copyright © 2009 WILEY-VCH Verlag GmbH & Co. KGaA, Weinheim
ISBN: 978-3-527-50492-3

habe dieses Buch als Orientierungshilfe für diesen Prozess geschrieben, um Führungspersönlichkeiten aus der Wirtschaft und Designer zu ermutigen, ihre Kräfte zur Entwicklung kreativer Strategien für eine gewinnbringendere und nachhaltigere Zukunft zu bündeln.

Wie wir von den erfolgreichsten Unternehmen und Marken wissen, geht es beim Design nicht nur darum, einem Produkt ein gutes Aussehen zu verpassen. Design ermöglicht einem Unternehmen, sich innovative Konzepte auszudenken und zu planen, die menschliche Interaktionen und Erfahrungen verstärken. Und wenn wir ein neueres und besseres Objekt oder ein inspirierenderes menschliches Erlebnis entwerfen, wird das Design selbst zum Markenzeichen. Menschen erkennen visuelle Symbole als kulturellen Ausdruck, und wir machen uns genau die Symbole zu Eigen, die unsere tieferen Werte widerspiegeln, wie zum Beispiel unser Vergnügen an einer einfachen, eleganten Bedienbarkeit. Im Wesentlichen macht Design alle Technologie menschlich und hilft Unternehmen, die Seele der Menschen anzusprechen. Und es ist der kulturelle Kontext von Design, der die Wirtschaft in der Geschichte verwurzelt und mit einer bedeutenden Zukunft verknüpft.

Ich war in meinem Leben erfolgreich, weil ich schon sehr früh erkannt habe, dass Unternehmen Kreativität genauso brauchen wie Menschen Sauerstoff, und ich konnte meine Kunden davon überzeugen, dass sie »atmen« müssen, um wachsen zu können. Es war nicht leicht. Anfangs wusste ich, dass ich mir als Verbraucher und Designer technische Produkte wünschte, die so gestaltet waren, dass sie auf einer emotionalen Ebene eine Verbindung zu den Menschen herstellten, ein Konzept, das ich später unter dem Begriff »emotional design« zusammenfassen sollte. Derartige Produkte wurden damals in den 1960er-Jahren, als ich mein Unternehmen gründete, weder in meiner deutschen Heimat noch irgendwo in der Nähe hergestellt. Vierzig Jahre später hat sich frog design sehr positiv auf die Angebote der Fertigungsindustrie sowie der Dienstleistungsbranche weltweit ausgewirkt und die Design-bestimmten Strategien globaler Marken wie Sony, Apple, Microsoft, SAP, Motorola, HP und GE tragen die frog DNA in sich. Ich hatte das Glück, mein Berufsleben mit der Gestaltung erfolgreicher Design-bestimmter Strategien gemeinsam mit diesen dynamischen

Unternehmen verbringen zu dürfen. Da ich aus erster Hand gelernt habe, wie die wirklich großen Wirtschaftsführer Partnerschaften mit Designern eingehen, entwickelte ich eine schrittweise Anleitung für einen Innovationsprozess, der die Macht dieser Partnerschaft ausnutzt. Dieser Prozess ist das Herzstück des Kooperationsmodells des Innovations-bestimmten Business-Designs, das ich in diesem Buch darstelle. In jedem Kapitel wird eine entscheidende Phase dieser erfolgreichen Innovations-bestimmten Unternehmensstrategie im Einzelnen beschrieben und durch Ideen, Strategien und Geschichten von Designern und bedeutenden Führungspersönlichkeiten gleichermaßen veranschaulicht.

Zunächst werden wir die Rolle des Designs in der sich schnell verändernden kreativen Wirtschaft untersuchen und analysieren, wie vorwärtsschauende Wirtschaftslenker eine Kultur der Innovation in ihren Organisationen kultivieren. Ausgehend vom Einverständnis des Managements müssen wir uns als nächstes mit den wahren Herausforderungen und dem Nutzen der Gestaltung attraktiver Business-Design-Strategien beschäftigen, bevor wir Pläne zur taktischen Umsetzung entwerfen. Als nächstes gebe ich einen schrittweisen Überblick über den Innovationsprozess, vom Anvisieren der Ziele bis hin zum erfolgreichen Einführen der Innovationen auf dem Markt. Danach möchte ich einen vertiefenden Blick auf die Innovations-Werkzeuge und den manchmal nicht leicht nachzuvollziehenden Prozess, einen ausgesprochen technischen Weg zu wählen, um zu einem intensiven menschlichen Erlebnis zu gelangen, richten. Wir werden die wachsende und drängende Nachfrage nach Geschäftsmodellen und -vorgängen auf der Grundlage ökologischer Nachhaltigkeit untersuchen, und die Rolle, die diese Strategien in der Zukunft einer dauerhaft wachsenden globalen Wirtschaft spielen. Von der Entwicklung frühzeitiger Lösungen für »grüne« Konsumgüter und Erfahrungen bis hin zur Einführung weltweiter gemeinschaftlicher Design-Prozesse werden die Beispiele von frog's erfolgreichen Design-bestimmten Innovationen, die wir in diesem Buch erörtern werden, wesentliche Einblicke in den Prozess der Gestaltung von Unternehmensmodellen liefern, die in der neuen, grünen Wirtschaft Fuß fassen können. Zu guter Letzt werfe ich noch einen Blick in die Zukunft der Fertigungsindustrie und wie die Unternehmen die »billig, billiger, toxischen« Produktionsmodelle des Outsourcens in ein Modell der wirtschaftlichen und industriellen Zusammenarbeit verwandeln können, das für beide Seiten wirtschaftlich vorteilhaft ist. Zusammen bilden diese Kapitel einen Praxisleitfaden für den Prozess, der es möglich macht, jeder beliebigen Branche die kreative Energie der Design-bestimmten Innovation einzuflößen.

In dieses Buch habe ich auch immer wieder Teile meines persönlichen und beruflichen Werdegangs eingeflochten. Zum Teil habe ich diese Geschichten gewählt, um einen Insiderblick auf das kreative Leben zu gewähren. Wichtiger jedoch war mir, den Lesern die seltene Gelegenheit zu geben, gemeinsam mit einigen der weltbesten Wirtschaftsführern, mit denen ich im Laufe meiner Karriere zusammengearbeitet habe, um den Planungstisch zu sitzen – einige der klügsten Köpfe aus der Wirtschaft unserer Zeit, darunter Dieter Motte, Akio Morita und Norio Ohga von Sony, Henry Racamier von Louis Vuitton, Hasso Plattner von SAP, und ja, Steve Jobs von Apple.

Heute erlebt die Geschäftswelt eine Zeit der tiefgreifenden und massiven Veränderungen, die weit über fallende Aktienkurse und sinkende Konsumausgaben hinausgehen. Die Märkte der Effizienz – die auf der immer skrupelloseren Suche nach niedrigeren Kosten ohne Rücksicht auf soziale, ökologische oder wirtschaftliche Schäden beruhen – weichen einer neuen kreativen Wirtschaft. Individuelle Ausrichtung auf den Kunden und Nischenmärkte untergraben allmählich die Nachfrage nach Massenprodukten, und die Unternehmen suchen nach neuen Wegen, wie sie auf einer emotionalen Ebene eine Beziehung zu ihren Kunden herstellen können. Ökologische Nachhaltigkeit, die einst von vielen Unternehmen außer Acht gelassen wurde, ist zum neuen Mantra für alle Unternehmen geworden, die auf den Märkten des einundzwanzigsten Jahrhunderts einen sicheren Stand haben wollen. Wirtschaftslenker auf der ganzen Welt suchen bei Designern Hilfe für die Entwicklung einer Strategie, die ihre Marke definiert, indem sie die Verbraucher sowohl emotional anspricht, lohnende Erfahrungen für den Verbraucher bietet als auch einen ökologisch verantwortungsvollen Geschäftsansatz schafft.

Letzen Endes bringt die Unternehmen/Design-Partnerschaft unsere Industriekultur durch nachhaltige Innovationen, kulturelle

Identität und wirtschaftliche Beständigkeit voran. Um dieses Ziel zu erreichen, muss das Design die Linie überschreiten, welche die kommerziell zweckmäßigen Standards von kultureller Relevanz und Spiritualität trennt. In diesem Buch untersuchen wir den schmalen Grat, der durch unsere materielle Kultur verläuft und »großartig« von »gut«, kreative Strategien von Nachahmung und Spitzenleistungen von erfolglosem Mittelmaß trennt.

Nach meiner Erfahrung haben beide, sowohl die DesignerInnen als auch die UnternehmerInnen nur dann wirklichen Erfolg, wenn sie diese fiktive Linie, die allzu häufig ihre Welten voneinander trennt, überbrücken können. In diesem Buch geht es auch um das Bauen dieser Brücke – darum, wie kreative Köpfe und kluge Manager zusammenarbeiten und wie beide Seiten der Unternehmen/Design-Partnerschaft von diesem Prozess profitieren können. Ich will damit nicht sagen, dass diese Zusammenarbeit der Königsweg bei jedem Problem ist, das ein Unternehmen zu bewältigen hat, aber ich glaube, dass es der beste Weg ist, heute ein besseres Unternehmen zu entwickeln und es morgen für eine nachhaltige Zukunft zu rüsten. Letztlich habe ich dieses Buch auch deshalb geschrieben, um eine neue Unternehmensrealität zu inspirieren und zu fördern. Die Geschichten und Ideen auf den nachfolgenden Seiten belegen, dass die kulturelle, menschliche und wirtschaftliche Macht des kreativen Designs für Bilanzen, Unternehmen und unseren Planeten als Ganzes die bessere Alternative ist.

1

Design-bestimmte Strategie: Einfluss auf die kreative Wirtschaft

»Sein ist Tun«

Immanuel Kant

Für ein Unternehmen, das seine Wurzeln in einer winzigen Garage im Schwarzwald hat, ist es ein großer Sprung, es zu einer einflussreichen Position bei bekannten globalen Franchiseunternehmen zu bringen. Dennoch betrachte ich diese Geschichte des Übergangs als nur ein erstes Beispiel für die unglaubliche Macht der Unternehmen/Design-Allianz. Heutzutage wird viel über die »neue« Macht dieser Allianz gesprochen, aber die Macht der Design-bestimmten Unternehmensstrategie ist keineswegs neu. Gerade diese Idee spornte mich an, im Jahr 1969 mein eigenes Design-Unternehmen zu gründen, und das veranlasste Steve Jobs 12 Jahre später dazu, mein Unternehmen zu engagieren, um ihm beim Aufbau einer solchen Strategie für sein eigenes Unternehmen zu helfen. Neu sind allerdings die schnell wachsende Anerkennung dieser Macht und das Bedürfnis, sie zu kultivieren. Ein erster Schritt zu diesem Ziel besteht darin, dass ein Unternehmen die wesentliche Rolle des Designs bei der Gestaltung eines Innovations-bestimmten Geschäftsmodells versteht.

Als ich meine Design-Firma gründete, war mein Ziel einfach, aber dennoch anspruchsvoll: die strategische Bedeutung des Begriffs Design neu zu definieren und sie in Industrie und Wirtschaft kontinuierlich zu lancieren. Ich wollte technische Produkte erschaffen, die die Konsumenten wegen ihrer Schönheit und Zweckmäßigkeit lieben würden. Und ich wollte, dass alle Designer,

Schwungrat. Hartmut Esslinger
Copyright © 2009 WILEY-VCH Verlag GmbH & Co. KGaA, Weinheim
ISBN: 978-3-527-50492-3

ich selbst eingeschlossen, Herren über das eigene Schicksal sein sollten, nicht nur bezahlte Helfer, die angeheuert wurden, um denselben alten, langweiligen Ideen neuen Glanz zu schenken. Ich war entschlossen, meine Ideen in die Welt hinauszutragen – und ich fühlte mich, als ob ich jeden Augenblick meines Daseins in der Vorbereitung auf diese Gelegenheit gelebt hätte.

Ich wuchs in einem vom Krieg zerrissenen Deutschland auf, einem Land, das sich immer noch mit den Gräueln des Dritten Reichs auseinandersetzte. Dieser Umstand sowie mein ästhetisches Empfinden und meine religiöse Haltung prädestinierten mich dafür, die Veränderungen in der Welt um mich herum sensibilisiert wahrzunehmen. Ich wurde am 5. Juni 1944 in Beuren, einem winzigen Dorf tief im Schwarzwald, geboren. Die einzigen erwachsenen Männer in meinem Dorf, die noch keine sechzig Jahre alt waren, waren französische Soldaten, die das Gebiet besetzt hatten. Alle unsere Väter und älteren Brüder waren entweder im Krieg gefallen oder wurden in Kriegsgefangenenlagern festgehalten. Zu jung, um den Begriff des Kriegs wirklich zu verstehen, versuchten wir Kinder immer, den Erwachsenen zuzuhören, wenn sie gedämpft über »die Bombenangriffe« und »Stalingrad« sprachen, doch für uns ergab das alles keinen Sinn. Niemand sprach über den Naziterror des Dritten Reichs, nicht einmal meine Großfamilie, die, wie ich viele Jahre später erfuhr, selbst sieben Familienmitglieder in den Konzentrationslagern verloren hatte.

Als die Männer unserer Familie endlich aus den Lagern zurückkamen – mein Vater, Johannes Heinrich Esslinger, eingeschlossen – waren sie Fremde für uns. Diese schweigsamen, grüblerischen Männer sprachen nur wenig über den Krieg oder ihre eigenen Kriegserlebnisse, aber ihre Wutausbrüche und Gewalttätigkeiten konnten schon durch die harmlosesten Streiche ausgelöst werden und endeten oft mit Prügel für uns Kinder. Manchmal beneideten wir heimlich Freunde, die ihre Väter verloren hatten und von ihren trauernden Müttern deutlich besser behandelt wurden.

Jahre später kam eine Gruppe amerikanischer Offiziere in meine Schule und zeigte uns einen Dokumentarfilm über den Krieg, in Teilen aufgenommen von den Nationalsozialisten selbst und wiederum teilweise von den Alliierten bei ihrer Befreiung der Konzentrationslager. Als ich die Realität dessen erfasste, was in meinem Land während des Kriegs geschehen war, wurde ich von Scham, Trauer und Wut – und einem neuen Verständnis für die bitteren Härten, die meinen Vater und seine Mitsoldaten geprägt hatten – erfasst. »Nie wieder Faschismus!«, dachte ich bei mir. Besser ein rebellischer Außenseiter als ein blind ergebener Diener.

Letztlich war meine Jugend selbst in diesen dunklen, unsicheren frühen Jahren sowohl von Schönheit als auch von den Kriegsfolgen geprägt. Als nach dem Krieg damit begonnen wurde, die industrielle Infrastruktur in Deutschland wieder aufzubauen, eröffneten meine Eltern ein kleines Textilwarengeschäft, und an meinem zehnten Geburtstag zogen wir in die Kleinstadt Altensteig. Dort erwarben meine Eltern ein Geschäftshaus im Stadtzentrum. Mit der Geschäftseröffnung hielt die Ästhetik jeden Tag aufs Neue in meinem Leben Einzug. Ich war von hübschen Kleidern und den neuesten Modemagazinen umgeben, besuchte Modenschauen, ganz zu schweigen von einem stetig wechselnden Defilee attraktiver und exotisch anmutender Models (damals »Mannequins« genannt).

Als ich aufs Gymnasium kam, war mein kreativer Trieb erwacht. Wann immer ich ein Automobil erblickte, was in meiner Kleinstadt zu dieser Zeit immer noch eine Seltenheit war, zeichnete ich es und füllte schließlich unzählige Notizbücher mit Skizzen von Autos, Motorrädern und Schiffen, alle mit meinem eigenen Design. Meine Mutter, die meine Zeichnungen als Zeitverschwendung und als ein Warnsignal für einen zukünftigen gesellschaftlichen Abstieg betrachtete, verbrannte meine Skizzenblöcke mit den Worten »Alle Künstler landen in der Gosse«, während ich zusah, wie sich die Seiten meiner Notizbücher im häuslichen Kamin krümmten und zu Asche zerfielen. Nach dem Gymnasium ging ich zur Bundeswehr und begann anschließend eine Ausbildung zum Ingenieur, aber sogar meine Ausbilder und Lehrer erkannten schon nach kurzer Zeit, dass mir meine kreative Energie und meine Interessen eine andere Richtung wiesen. Letzten Endes war ich gezwungen, zwischen den Vorstellungen zu wählen, die meine Eltern für mein Leben hatten, und meinen eigenen. Ich entschied mich für ein Leben im Design.

Ich studierte an der Hochschule für Gestaltung in Schwäbisch Gmünd (heute weltweit eine der zehn besten Hochschulen für Design), und dort sollte sich, in einer Sommernacht im Jahr 1968, mein ganzes Leben ändern. An diesem Abend fuhr ich mit einigen Kommilitonen zu dem Uhrenhersteller Kienzle, um unsere Preise eines Designwettbewerbs entgegenzunehmen. Ich hatte unter anderem eine Funkuhr vorgeschlagen, die das Funksignal der Atomuhr in Braunschweig empfing und wiedergab, und hegte große Hoffnungen, das Preisgeld für den ersten Platz zu gewinnen. Aber die Preisrichter – einschließlich Kienzles Chef-Designer – kritisierten alle studentischen Entwürfe zynisch als »unrealistisch« und weigerten sich, einem von uns den ersten Preis zu verleihen. Einer der Preisrichter nahm sogar einige Modelle in die Hand, wirbelte sie durch die Luft und warf die Einzelteile dann zu Boden. (Mittlerweile sind Funkuhren natürlich bereits Standard geworden. Mein »unrealistischer« Entwurf wurde ein »frog designed« Produkt des deutschen Uhrenherstellers Junghans und gilt nach wie vor als die präziseste im Handel erhältliche Uhr der Welt.)

Diese kurzsichtige, schnelle Zurückweisung spornte mich viel stärker an, ein erfolgreicher Designer zu werden, als es jemals irgendeine Trophäe oder ein Preisgeld vermocht hätten. Als ich in jener Nacht nach Hause fuhr, schwor ich mir, die Welt des Designs zu verändern. Ich wollte die verstaubten, hierarchischen Grenzen in etwas Dynamischeres verwandeln, in einen Zustand, wo alles möglich ist. Ich beschloss, dass die einzige Möglichkeit, mich von dem einfallslosen und altmodischen Design-Modell zu befreien, das die »Kienzle-Uhrenhersteller« auf der ganzen Welt propagierten, darin bestand, mein eigenes Unternehmen zu gründen. Es war der optimistischste und radikalste Schritt, den ich machen konnte.

Das Unternehmen Design

Und so gründete ich 1969 noch als Student »esslinger design« – die Firma, aus der später frog design werden sollte. Als erstes Ziel setzte ich mir wirtschaftlichen Erfolg. Ich weigerte mich, die Rolle des Hunger leidenden Künstlers zu akzeptieren. Außerdem war ich mir sicher, dass der Design-Prozess zu wichtig war, als dass ihn die Unternehmen außer Acht lassen konnten, die nach einem starken Wettbewerbsvorteil suchten. Ich wusste, dass es dort draußen Menschen mit hohen Positionen in der Wirtschaft geben musste, die diesem Beruf genauso viel Wert zusprechen würden wie ich. Der restliche Plan war einfach, aber ehrgeizig, und ich schrieb ihn in sechs Schritten nieder:

1. Halte Ausschau nach »hungrigen« Kunden, die ganz nach oben wollen.
2. Behalte immer das Unternehmen im Auge und leiste großartige Arbeit für die Kunden, nicht für dich selbst.
3. Werde berühmt – nicht als arroganter Künstler, sondern als Visionär.
4. Nutze diesen Ruhm als Betriebskapital zum Aufbau der eigenen Firma.
5. Baue das beste globale Design-Unternehmen auf, das es je gegeben hat.
6. Halte jederzeit nach den besten Leuten Ausschau – als Mitarbeiter, Partner und Kunden.

Nach zwei Jahren gesellten sich Andreas Haug und Georg Spreng zu mir, meine ersten Partner. Eines Tages saßen wir um unseren Kaffeetisch und Andreas fragte: »Was sind eigentlich unsere Pläne für die Zukunft?« »Ein Produkt im ›esslinger-design‹ in allen größeren Einkaufszentren der Welt anzubieten«, antwortete ich wie aus der Pistole geschossen. Alle lachten – aber sieben Jahre später hatten wir unser Ziel erreicht.

Der erste Schritt auf diesem Weg sollte bald folgen. Ich interessierte mich schon immer für Elektronik – als Jazz- und Rockmusiker hatte ich mir meine eigenen Verstärker aus bestellten Einzelteilen zusammengebastelt. Außerdem mochte ich zu dieser Zeit eine kleine Elektronik-Marke namens Wega, die in den 1920er-Jahren gegründet worden war, ganz besonders. Als ich 1968 mein Studium an der HfG begann, war mein Wahlprojekt der Entwurf eines tragbaren Radios mit Lautsprechern, die zwecks kompakter Aufbewahrung einklappbar sein, aber dennoch einen echten Stereoklang liefern sollten, wenn sie ausgeklappt wurden. Während ich an dem Design arbeitete, hörte ich Gerüchte, dass der Inhaber und Unternehmenschef von Wega, Dieter Motte, einen neuen, stilgebenden Designer suchte. Ich rief ihn an und bat um ein Vorstellungsgespräch. Er war ein außergewöhnlich netter Mann und ein absoluter Design-Fanatiker, dessen strategisches Ziel es war, Wega als Design-Marke mit einer Anziehungskraft über die »Elite« hinaus zu positionieren. Ihm gefiel meine Arbeit und er bewunderte meinen technischen Hintergrund, weshalb er mir ein Praktikum anbot. Aber das war nicht das, worauf ich wirklich aus war.

Kurze Zeit nach unserem Treffen las ich, dass die Bundesregierung angekündigt hatte, 1969 den ersten »Bundespreis Gute Form« zu verleihen. Mit einer aktualisierten Version meines Diplom-Projekts gewann ich den Studentenpreis – ein riesiger Coup für einen jungen Designer. Die Feierlichkeiten fanden im Rahmen der Deutschen Industrieausstellung in Berlin statt, und mein Preis wurde mir von Karl Schiller, dem damaligen Wirtschaftsminister überreicht. Zufällig saß Dieter Motte ebenfalls im Publikum, und nach den Feierlichkeiten kam er zu mir und sagte einfach: »... tut mir leid, dass ich Sie unterschätzt habe, aber wir müssen zusammenarbeiten!« Das war der Beginn einer großartigen Beziehung und auch meiner beruflichen Karriere.

In der Garage eines Miethauses entwickelte ich das Konzept für unser erstes großes Projekt – das Wega System 3000, eine Verbindung aus Fernsehgerät und hochwertigen Stereokomponenten. Unser Design hatte sich die Innovationen im Bereich der Kunststoffherstellung zunutze gemacht und die ersten Gehäuse aus geschäumtem Kunststoff hergestellt. Die Ergebnisse waren unter ästhetischen Gesichtspunkten weitaus gefälliger, funktionaler, moderner und erheblich leichter als die herkömmlichen Fernseh- oder Stereogeräte in Holz- bzw. Sperrholzgehäusen, die seinerzeit den Markt beherrschten. Ich entwarf die Produkte des Systems 3000 wie eine Skulptur, so dass diese aus jedem Blickwinkel großartig aussahen (das Oberflächenmaterial des Systems diente uns als Inspiration für die Gestaltung des Umschlags, den sie gerade in Händen halten). Wir stellten das ganze Line-Up 1971 auf der Unterhaltungs- und Elektronikmesse IFA in Berlin vor – es war eine echte Sensation, welche durch eine innovative Werbekampagne unterstützt wurde. Nach der Ausstellung startete das System 3000 seinen Höhenflug und ich wurde mit neuen Aufträgen von Wega und anderen sowohl kleinen als auch großen Kunden geradezu überhäuft. 1973 begann Dieter Mottes Familie nach einem potenziellen Käufer für das Unternehmen Ausschau zu halten und im

November desselben Jahres nahm ich schließlich ein Angebot von Sony an. Im Januar 1974 kaufte Sony dann auch die Firma Wega – und ich befand mich auf dem Weg nach Japan – als Berater eines riesigen, weltweit tätigen Unternehmens. Der »Frosch« flog.

Kurz nach dem Verkauf von Wega an Sony lernte ich Hans-Otto Doering, Miteigentümer der Zeitschrift *FORM* kennen, das seinerzeit bekannteste Design-Magazin in Deutschland. Endlich waren wir erfolgreich genug, um uns ein wenig Werbung leisten zu können, und Hans-Otto und ich trafen uns vor meiner Garagenwerkstatt, um uns über Werbemöglichkeiten in seiner Zeitschrift zu unterhalten. Er versuchte, mir Anzeigenraum im Innenteil der Zeitschrift zu verkaufen, aber ich bat um die begehrte U4, den exponierten Platz auf der Rückseite. Er sah mich skeptisch an und fragte, ob ich sicher sei, dass unser winzig kleines Hinterhofunternehmen sich eine solch teure Werbeanzeige für eine garantierte Zeitspanne leisten könnte. »Ja«, antwortete ich, »warum nicht?« Hans-Otto schüttelte ungläubig den Kopf und wir unterzeichneten den Vertrag auf dem Deckel eines Mülleimers – und zementierten eine Beziehung, die 33 Jahre halten sollte.

Mit der Rückseite der *FORM* begann unser winziges Unternehmen, in den Augen der Öffentlichkeit Form anzunehmen. Wir kauften einen brasilianischen Baumfrosch, fotografierten ihn in einer umwerfend komischen Hüpfstellung und veröffentlichten ihn in unserer Anzeige auf der Rückseite. Nicht lange danach wählten wir einen grünen Frosch als Logo – unserer Einschätzung nach war es ein passendes Bild angesichts der großen Zahl von Fröschen im heimischen Schwarzwald und der Tatsache, dass sich das Wort »frog« in der englischen Bezeichnung unseres Landes verbirgt – (F)ederal (R)epublic (O)f (G)ermany. (»frog design« wurde von Anfang an immer in Kleinbuchstaben geschrieben, was damals eine Rebellion gegen deutsche Grammatikregeln sein sollte und heute, 40 Jahre später, von vielen anderen Unternehmen übernommen wird.) Während das Unternehmen wuchs, entwickelten wir unsere Werbeanzeigen weiter, damit sie so verführerisch, auffallend und innovativ wie möglich wurden. Wir sahen unsere Firma als Alternative zu den großen und langweiligen Namen, die die Branche seinerzeit beherrschten, und wir wollten uns dementsprechend positionieren. Dass wir die Rückseite genommen hatten, zwang uns, unsere Botschaft eindeutig zu definieren und eine entsprechende Strategie für unsere Eigenwerbung zu entwerfen. Ehrgeizig bezeichneten wir uns als »das neue Gesicht des deutsch-globalen Designs«.

Heute hilft frog seinen Kunden, Jahresumsätze im mehrstelligen Milliardenbereich zu erzielen, und Produkte, mediale Lösungen und Erfahrungen im frog-Design existieren mittlerweile überall. Mit »etwas Hilfe« von unseren Freunden, Partnern, Kollegen und Kunden machten meine Frau Patricia und ich aus frog design ein strategisches Agenturjuwel mit über 450 Mitarbeitern und neun Büros weltweit. Inzwischen steht das Unternehmen dauerhaft an der Spitze, wenn es um strategisches Design und Innovationen geht.

Natürlich wird sich jeder vernünftige Mensch fragen, warum so große, global operierende Riesen wie Disney, Microsoft, General Electric und Motorola sich um Rat, Vorschläge und Lösungen an eine Agentur wie frog wenden, wenn ihnen doch theoretisch alle Mittel der Welt zur Verfügung stünden. Unser langjähriger Kollege Steven Skov-Holt beantwortete diese Frage vor vielen Jahren sehr eloquent: »*Unsere Kunden und Kundenunternehmen wenden sich an kreative Agenturen, weil sie … radikale Lösungen brauchen, die sie in ihren eigenen internen Gruppen nicht durchsetzen können [und] … weil zarte, frische, neue Ideen die Toxizität der meisten Unternehmensumgebungen nur mit Mühe überleben.*«

Wir haben niemals unsere Geschäftsziele, die der Motor unseres Erfolgs waren, aus dem Blick verloren. Wir – und unsere Kunden – haben erkannt, dass Design ein integraler Bestandteil einer jeden erfolgreichen Geschäftsstrategie ist und kein auf einen rein künstlerischen Anspruch beschränkter, exklusiver Beruf. Ein eigenwilliger Haufen egozentrischer Künstler wäre keine solide Basis für ein nachhaltiges Geschäftsmodell. Unternehmens-Design à la »frog« bedeutet, sich die Besten an einen Tisch zu holen, um die Umgebung und Führung bereitzustellen, die erforderlich sind, um jedem Einzelnen zu ermöglichen, besser zu arbeiten, indem man zusammenarbeitet. Dieses Konzept ist das Geheimnis von frog's Erfolg und das Geheimnis der meisten strategischen professionellen Allianzen. Es ist außerdem der zentrale Fokus innovativer Unternehmer, die ihren Platz in einer sich stetig weiterentwickelnden Weltwirtschaft behaupten wollen.

Strategische Kreativität und nachhaltiger Erfolg

Als ich 1982 anfing für Apple zu arbeiten, erschien einigen der ehrgeizige Plan von Steve Jobs, Apple zur weltweit größten Consumer-Technology-Marke zu machen, einfach nur verrückt. Computer hielten gerade erst Einzug in den Büros von Freiberuflern, und Heimcomputer waren kaum mehr als ein Traum. Aber dieser Traum war für Steve Wirklichkeit. Er sprach oft und zuversichtlich über einen »Verbrauchermarkt« und schon bald teilte jeder im Unternehmen seine Zukunftsvision für Computer. In verhältnismäßig kurzer Zeit wurde Steves Vision für die Welt Realität und machte Apple zu dem Design-bestimmten Marktführer, der er noch heute ist.

Ich lernte Steve Jobs 1982 kennen, als ich nach Kalifornien reiste und eine Party besuchte, die ein ehemaliger Praktikant von frog, Jack Hokanson, gab. Ungefähr 30 Designer aus der Bay Area kamen, und Rob Gemell – Designer bei Apple – war unter ihnen. Er lobte Steve Jobs in den höchsten Tönen und erklärte, dass er es war, der Apple verpflichtet habe, Spitzentechnologie und Weltklasse-Design anzustreben. Als Apple sich weltweit auf die Suche nach »World Class« Design machte, stellte Rob meine Ideen Steve vor. Steve und ich trafen uns persönlich (er gewann den »Wettbewerb um das ältere T-Shirt«) und der Ball kam ins Rollen.

Designmanager Jerry Manock und Rob beschränkten den Wettbewerb am Ende auf zwei Studios – eins davon war frog. Während unser Konkurrent einen sehr europäischen Design-Fokus vorstellte, versuchte ich, Apple als kalifornisch-globale Marke neu zu positionieren – Hollywood und Musik, ein wenig Rebellion und natürlichen Sexappeal. frog arbeitete eng mit den Entwicklern und Steve Jobs und entwarf etwa vierzig Modelle um unsere Konzepte zu illustrieren. Wir arrangierten sie in einem Konferenzraum in Apple's Hauptsitz – und verwandelten ihn so in eine Ausstellung der Zukunft. Als Steve und die Vorstandsmitglieder diesen Ausstellungsraum der Zukunft, die wir für ihr Unternehmen sahen, betraten, lächelten sie und sagten: »Ja, das ist es!« frog's radikale Designsprache wurde als »Snow White« bekannt und lieferte das »Born-in-America«-Gen für Apple's DNA. Diese konsequente Abkehr von den klobigen braun-oliven Ungetümen, die die Computerwelt zu dieser Zeit beherrschten, entstand durch eine Designsprache, die auf folgenden strategischen Entscheidungen beruhte:

- Apple Computer mussten klein, sauber und weiß sein.
- Alle Grafiken und Schriftarten mussten den Eindruck von Sauberkeit und Ordnung verstärken.
- Die endgültigen Modelle sollten eine extravagante Hightech-Gestalt bieten, die auf den fortschrittlichsten Tools beruhte.
- Alle Produktdesigns sollten die umweltfreundliche »keine Farbe = niedrigere Kosten«-Regel befolgen, die auf einem sorgfältigen Umgang mit ABS-Kunststoffen und anderen Materialien basierte.

Steve Jobs und ich vereinbarten darüber hinaus als Leitlinie: »Do it right the first time.« Steve bot mir einen langfristigen Vertrag an, unter der Bedingung, dass ich nach Kalifornien zog und ein Abbild unseres Studios in Altensteig in der Nähe von Apple errichtete. Wir besiegelten unseren Deal mit Handschlag, ein Handschlag, der eine der entscheidendsten Kooperationen in der Geschichte des Industriedesigns begründete. frog's Investition in diesen neunmonatigen Wettbewerb kostete uns weit mehr als die 200 000 Dollar Honorar, aber wir wurden mit einem jährlichen Honorar, das zehn Mal so hoch war, reich entlohnt. Im Gegenzug hielten wir unser Versprechen, uns dauerhaft in der San Francisco Bay Area niederzulassen (die 27 Jahre später immer noch als frog's Hauptsitz dient und es wird Sie vielleicht interessieren, dass wir unser Studio in Altensteig die nächsten 20 Jahre weiterführten, bis wir in ein größeres Gebäude in Herrenberg, etwas näher bei Stuttgart umzogen).

Auch wenn das Snow White Design einen bedeutenden Teil meiner Arbeit bei Apple ausmachte, bestand meine wirkliche Herausforderung darin, die echte amerikanisch-globale kulturelle Markenaussage des Unternehmens einzuführen und aufzubauen. Unser Ziel war es, eine junge und dynamische Designsprache zu benutzen, um zu verändern, wie die Welt Apple, seine Produkte und den Einsatz der Computertechnologie als solchen sah. Der Apple IIc war ein erstes Ergebnis unserer Zusammenarbeit und er war ein riesiger Erfolg – über 50 000 Stück gingen in der ersten Woche nach Markteinführung über die Ladentheke. Der Apple IIc wurde vom *Time-Maga-*

zine im Jahr 1984 als »Design des Jahres« ausgezeichnet und ist heute Bestandteil der Dauerausstellung im Whitney Museum of Art. Die Umsätze bei Apple stiegen von 700 Millionen Dollar im Jahr 1982 auf 4 Milliarden Dollar im Jahr 1986.

Weitaus wichtiger ist allerdings, dass unsere Zusammenarbeit den Grundstein für Apple's Design-bestimmten Unternehmensansatz legte. Bis heute kann kein anderes Unternehmen in Apple's Umfeld dessen herausragende und stringente Marken-, Produkt- und Verbrauchererlebnis-Strategie vorweisen. Steve und sein Team haben die Marke Apple mit Design erfüllt. Jedes Produkt kommuniziert eine Identität und vermittelt eine klare Vorstellung des Erlebnisses, das es den Verbrauchern als Teil des größeren Apple-»Ökosystems« bietet. Wenn ein Verbraucher ein Produkt »Designed in California« (wie das Apple-Label stolz verkündet) erwirbt, kauft er oder sie einen bestimmten Lebensstil. Das Design hat Apple tief im eigenen kulturellen Kontext verwurzelt und seinen Einfluss auf die globalen Marktplätze ausgedehnt.

Der weltweite Erfolg von Apple's kreativer Strategie – und der zahlreicher anderer Kunden, mit denen wir über die Jahre hinweg zusammenarbeiten durften – veranschaulicht, dass die Welt im Gegensatz zu der Überzeugung zahlreicher Wirtschaftslenker nicht eindimensional (»flat«) ist. Sie ist ein verschlungenes Knäuel aus komplexen Kulturen, die sich jeweils durch ihre einzigartigen Bedürfnisse und Erwartungen unterscheiden. Wir, die Menschen, die diese unebene Landschaft in Besitz nehmen, sind durch unsere eigene Geschichte bestimmt. Traditionen, Politik und Religionen durchdringen unser Leben und beeinflussen unsere Entscheidungen – von den Personen, die wir heiraten bis zu den Produkten, die wir kaufen. Auf dem Marktplatz einer flachen, eindimensionalen Welt passt ein und dieselbe Größe allen, aber ein Unternehmen in die komplizierten Konturen der wirklichen Welt einzupassen, stellt eine weitaus größere Herausforderung dar. Genau das macht Design nicht nur zu einem wichtigen Teil einer jeden kreativen Unternehmensstrategie, sondern hat das Design darüber hinaus an das Steuer der neuen kreativen Wirtschaft gesetzt.

Heutzutage befindet sich die Wirtschaftswelt in einem globalen Kampf zwischen Individualismus und Kollektivismus oder »Kultur gegen Konsum«, wie ich es nenne. Während Unternehmen den niedrigsten Kosten hinterher hecheln, lassen sie hoch qualifizierte Arbeiter vor Ort fallen und setzen auf niedrige Löhne im Ausland – alles unter dem Gesichtspunkt der Kosteneffizienz. Wie wir jetzt gesehen haben, führen Strategien, die kurzfristig das Bilanzergebnis in die Höhe schnellen lassen, am Ende häufig zu unhaltbaren Verlusten. Unternehmen, die ihr einzigartiges Markenpotenzial zwielichtiger Effizienz opfern, machen uns alle zu Verlierern. Sie berauben uns wichtiger Arbeitsplätze, während sie den wirtschaftlichen und kulturellen Wert einst lebensfähiger und innovativer Marken herabsetzen.

In der Tat konnte eine solche pauschalisierte »Weltsicht« weder dauerhaft funktionieren noch lässt sie sich rechtfertigen. In der Tat haben Unternehmen durch Kostensenkungen und immer höhere Konformität dazu beigetragen, dass Hightech-Produkte und digitale Dienste wie Computer und Handys erschwinglicher sind, als man noch vor zehn Jahren, wenn man optimistisch erscheinen wollte, gedacht hätte. Aber das schmutzige Abfallprodukt dieses verblüffenden technologischen Fortschritts ist eine Welt, die von Produkten beherrscht wird, denen jeglicher menschliche oder kulturelle Kontext fehlt. Diese in Massenproduktion für den Massenmarkt gefertigten Produkte bieten keinerlei inspirierende Verbrauchererlebnisse. Und auf Märkten, die in ein hochpreisiges Luxus- und ein nutzenorientiertes Billigsegment unterteilt werden, wird die Wettbewerbsstrategie diffus. Wie kann ein Unternehmen seinen Mobiltelefonen im Niedrigpreissegment einen wirklichen Mehrwert verleihen oder sie auch einfach nur optisch von den Handys seiner Wettbewerber abgrenzen, wenn sie alle in nur fünf oder sechs verschiedenen asiatischen Fabriken entworfen und produziert werden?

Eine kreative Strategie bietet eindeutig Vorteile gegenüber dem herkömmlichen, von der Supply Chain dominierten Geschäftsansatz. Sie führt zu Lösungen, die sich an den Menschen ausrichten, und nicht zu Allerweltsprodukten, für die niemand den vollen Preis zahlen will – insbesondere auch, wenn das Angebot die Nachfrage übersteigt. Strategien, die auf Kreativität, Know-how und kulturellem Bewusstsein basieren, sind umweltverträglicher und nachhaltiger als Gewinnmaximierung durch stetige Ressourcenerhöhung (seien das Rohstoffe, Geld oder Menschen). Es ist eine traurige Tatsache, dass sowohl Fertigungs- als auch Dienstleistungsindustrien im Hinblick auf Effizienz und Absatzpotenziale ihre Obergrenze erreicht haben. Nur Strategien, die Risiken erforschen und eingehen – die bereit sind, nach menschlichen Maßstäben zu überraschen und zu inspirieren – können hoffen, in unserer dynamischen Wirtschaft zu den Gewinnern zu zählen. Die Entscheidung für eine kreative Strategie bedeutet mit anderen Worten: Weniger ist oft mehr.

Heute bieten sich frog design gemeinsam mit seinen Strategen, Designern und Geschäftspartnern auf der ganzen Welt neue Herausforderungen. Unternehmen suchen Lösungsansätze als Antwort auf die fallenden Preise, schrumpfenden Gewinne und die schwindende Identität, die ihnen mit »Me-too«-Produkten vollgestopfte Märkte bieten. Kreativität ist der neue Motor und ein Multi-Milliarden-Dollar-Segment einer neuen wirtschaftlichen Ordnung. Und Design ist das Mittel, mit dem Unternehmen Kreativität strategisch, im Hinblick auf ihr Unternehmensziel anwenden können. Großartige Führungskräfte verstehen diese Wahrheit und nehmen die Macht der Kreativität und Innovation begeistert an, während sie ihre Unternehmen in eine erfolgreiche und nachhaltige Zukunft führen.

$\frac{2}{5}$

Wahre Lügen: Die Bedeutung von Leadership in einer Kultur der Innovation

»Wenn Sie den Wagen mit der Musik-
kapelle sehen, ist es zu spät.«

James Goldsmith

»Wenn Ihre Zahlen gut sind, sind Sie gut«, ist ein allgemein übli-
cher Refrain in Vorstandsetagen, aber kluge Investoren wollen wissen, wie gut Ihre Zahlen in drei bis fünf Jahren sein werden. Langfristiger Erfolg erfordert, dass sich Organisationen – und diejenigen, die sie leiten – auf eine eindeutige Unternehmensstrategie fokussieren. Ohne Unterstützung und Leitung durch starke
Führungskräfte wird jede größer angelegte Strategie im Anfangsstadium stecken bleiben. Die Formulierung und erfolgreiche Einführung strategischer Ziele ist ein kreativer Akt und benötigt
Führungskräfte, die ein grundlegendes Verständnis für die Rolle
des Designs beim Fördern einer Kultur der Innovation im gesamten Unternehmen teilen. Auch wenn wenige Unternehmen die rei-
bungslosen Prozesse, die in ihren Presseerklärungen veröffentlicht
werden, widerspiegeln, so sind doch interne Unstimmigkeiten auf
Führungsebene einer der sichersten Wege, das koordinierte Streben eines Unternehmens nach einer Design-bestimmten Innovati-
onsstrategie zu verhindern.

Meine erste Lektion in Sachen Leadership lernte ich als 20-jähri-
ger Leutnant bei der Bundeswehr. Gleich im Anschluss an meine
Schulzeit wurde ich Soldat, und in weniger als zwei Jahren trug
ich plötzlich selbst die Verantwortung für 35 Fähnriche an der Offi-
zier-Akademie, die zumeist älter waren als ich. Ich erkannte
schnell, dass Heuchelei und Verstellung mir nicht helfen würden,

Schwungrat. Hartmut Esslinger
Copyright © 2009 WILEY-VCH Verlag GmbH & Co. KGaA, Weinheim
ISBN: 978-3-527-50492-3

den Respekt beziehungsweise die Kooperationsbereitschaft meiner Truppe zu gewinnen, und dass ich, um ein echter Chef zu sein, authentisch sein und Engagement zeigen musste. Ich habe seither selbstverständlich noch viel mehr über Leadership gelernt. Zusätzlich zum Aufbau und der Führung meines eigenen Unternehmens hatte ich das Glück, mit den Führungskräften einiger der dynamischsten Unternehmen weltweit zusammenzuarbeiten und ihre Erfolge (und Niederlagen) zu beobachten. Meine Erfahrung hat gezeigt, dass großartige Führungskräfte die Fähigkeit haben, neue und bessere Strategien für mögliche Wege zu entwickeln, die andere noch nicht einmal sehen. Ich bin überzeugt, dass diese Art von Weitblick aus einem Quell der Kreativität kommen muss.

Kreative Strategien beinhalten überdimensionale Risiken, die nur durch ethische Entscheidungen gemanagt werden können. Aber idealistische Ziele und Prinzipien allein reichen nicht aus; Unternehmen müssen auch bestimmte Methoden oder Prozesse zum Umsetzen einer Strategie einführen, und sie müssen von einer inspirierten Führungsmannschaft geleitet werden. Das ist die Kunst der Unternehmensführung.

Die Zukunft sehen und wagemutige Projekte unterstützen

Die Macht einer wagemutigen und inspirierten Führung offenbart sich in der Geschichte von Apple. Bis heute ist Steves Fokus, Apple zur großartigsten Consumer-Technology-Marke der Welt zu machen, nicht ins Wanken geraten. Er hat eine manchmal diktatorische Art, die viele Menschen irritiert, aber er ist auch eine charismatische Führungskraft, die bei den Mitarbeitern tiefes Vertrauen weckt. Steve verlangt viel von seinem Team und die übliche Mittelmäßigkeit eines Unternehmens ist für ihn keine Option. Er ist und war schon immer die einzige Autorität, die darüber entschied, was ein »wahnsinnig großartiges« (insanely great) Apple-Produkt ist und was nicht. Glücklicherweise liegt er mit seinem Urteil fast immer richtig – und wenn nicht, ist er zumindest nahe dran.

Die meisten Menschen unterschätzen Steves persönliche Loyalität und Integrität. Als ich mit ihm zusammenarbeitete, war er nicht mit jedem Detail meiner Arbeit einverstanden, aber er verteidigte sie gegen die naive und politisch motivierte Kritik, die ich von dem Großteil seines bestehenden Teams einstecken musste (einschließlich eines gewissen Paul Kunkel, der später ein in weiten Teilen mieses Buch über das Design von Apple in seinen Anfängen schrieb). Steve war nicht der Einzige bei Apple, der unsere wagemutigen Design-Initiativen unterstützte. Andy Hertzfeld, Bill Atkinson, Joanna Hofmann, Susan Kare und andere arbeiteten großartig mit uns zusammen und zeigten echte Empathie und Begeisterung für die neue Designsprache, die Steve und ich im gesamten Unternehmen und für alle Produkte einführen wollten.

Um die Marke Apple von einem Start-up im Silicon Valley in einen Global Player verwandeln zu können, musste das Unternehmen seine Design- und Konstruktionsprozesse ebenso verändern wie sein Industriemodell. Steve sah die effizienten Produktionsprozesse in Japan und Singapur, und einer seiner ersten Schritte zum »neuen« Apple war der Start einiger wichtiger Kooperationen mit asiatischen Elektronikunternehmen. Der Macintosh SE und der Apple IIc waren in gewisser Hinsicht Produkte mit einem Hauch »Samsung«, da die Produktion in den Fertigungsanlagen des Samsung-Konzerns in Korea und Singapur erfolgte.

Apple's globale Beziehungen endeten nicht in Asien, genauso wenig wie seine Ambitionen nach einer von Design durchdrungenen Technologie. Tatsächlich gelang Apple in den 1980er-Jahren ein wenig gewürdigter Durchbruch mit seinen Fortschritten im Bereich des Desktop-Publishing. Unser Ziel war es, die hässlichen Grafiken der Matrixdrucker hinter uns zu lassen, und so lizensierte Apple moderne Druckschriften der Setzerei Berthold. Danach nahmen wir Canons hochwertigen Laser-Kopierer und kombinierten ihn mit einem Mac-Board, das die hoch auflösenden Post-Script-Grafiken mit skalierbaren Schriften verarbeiten konnte, und fügten eine »soft window«-Benutzeroberfläche hinzu. Der Drucker war ein spontaner Erfolg. Damit bereitete Apple den Weg für einen völlig neuen Industriezweig – Design-Software (Desktop Publishing). Firmen wie etwa Adobe wären ohne diese Software gar nicht erst entstanden.

Schon in den 1990er-Jahren nutzten Firmen Outsourcing bereits als Mittel zur Kostensenkung, aber Apple war das erste amerikanische Elektronikunternehmen (das zu dieser Zeit sein späteres Vermächtnis im Bereich F&E und Produktion noch aufbauen musste), das die Zusammenarbeit intelligent nutzte und in starkem Maße integriertes Outsourcing mit Partnerschaften auf der ganzen Welt betrieb. Um diese externen Kooperationen zu managen, hütete Apple sein geistiges Eigentum mit größter Sorgfalt. Anstatt nur seine Herstellungsprozesse in einem anderen Land abzuladen, um aus den billigen Arbeitskräften Kapital zu schlagen, arbeitete Apple eng mit seinen Outsourcing-Partnern zusammen und bezahlte sie für ihre Ideen und Entwicklungen. Mit anderen Worten lernte Apple, enge aktive Outsourcing-Partnerschaften aufzubauen, anstatt einfach nur das geistige Kapital zu verpfänden, um der Bilanz kurzfristig Auftrieb zu geben – eine Strategie, der Apple bis heute treu geblieben ist.

Trotz allem warfen Vorstand und Verwaltungsrat Steve Jobs mitten in diesem Prozess hinaus. Obwohl Steve sein Amt im Vorstand im September offiziell niederlegen sollte, wurde der Unternehmensgründer bereits am 4. Juni 1985 aus dem Unternehmen Apple hinausgedrängt. Ich erinnere mich noch sehr gut an das Datum, weil Steve und ich damals viel Zeit miteinander verbrachten, und meine Ehefrau und ich letztlich sogar eine Party absagten, die wir zu meinem Geburtstag am 5. Juni geplant hatten. Lassen wir mal all die so genannten rationalen Erklärungen für diese Entscheidung außer Acht: Apple's Verwaltungsrat war entweder fehlgeleitet oder einfach nur dumm. Aber wir können die Nachwirkungen von Steves Entlassung als perfektes Beispiel für den Zusammenhang zwischen mutigem Leadership und nachhaltigem Erfolg heranziehen.

Nachdem Steve Jobs das Unternehmen verlassen hatte, ernannte John Sculley, der CEO von Apple, Jean-Louis Gassée zum Leiter für das Macintosh-Design, und die beiden übernahmen die Alleinherrschaft über das Unternehmen. Sie gewannen schnell Marktanteile und der Aktienkurs entwickelte sich ausgesprochen gut, was externe Finanzanalysten und Investoren dazu veranlasste, Apple's neues Leadership-Team in den höchsten Tönen zu loben. Zusätzlich zur Begeisterung, die der anfängliche Höhenflug der Aktie auslöste, schwärmten Beobachter geradezu von der kreativen Strategie des Unternehmens. Trotzdem begriffen diese Beobachter nicht, dass das neue Team gerade nur Lorbeeren für den Erfolg einstrich, den Steve Jobs aufgebaut und vorangetrieben hatte. Schlimmer noch, die Öffentlichkeit hatte keine Ahnung, dass Apple's Führungsteam das gesamte »Innovationskapital« ausgab ohne neues zu erzeugen.

Das war nicht nur ein Phänomen, das sich auf das Unternehmen Apple beschränkte.

Unternehmerische Funktionsstörungen werden häufig durch den Effekt des asynchronen Timings verschleiert – die prozess-bedingte Zeitverzögerung zwischen der Entscheidung der Unternehmensleitung, der Umsetzung und den Ergebnissen am Markt –, was es sehr schwierig machen kann, die Effektivität der aktuellen Führungsmannschaft zu beurteilen. Zahlreiche Analysten und Beobachter begreifen einfach nicht, dass der Erfolg, den ein Unternehmen heute verbuchen kann, das Ergebnis guter Entscheidungen ist, die seine Führung in der Vergangenheit getroffen hat. Sogar bei den erfolgreichsten Unternehmen müssen Anleger auf dem Aktienmarkt darauf vertrauen, dass die Führungskräfte weiterhin die guten Entscheidungen treffen werden, die für den zukünftigen Erfolg der Organisation nötig sind. Aber Außenstehende – einschließlich der Finanzanalysten – wissen nie wirklich genau, welche Entscheidungen die Führungsriege innerhalb einer Organisation zu einem bestimmten Zeitpunkt treffen wird. Dies war sicherlich bei Apple im Anschluss an Steve Jobs' Ausscheiden der Fall. Es geschah unmittelbar nachdem wir die »Snow White«-Designsprache eingeführt hatten. Unsere Designer arbeiteten weiter mit dem Unternehmen auf der Grundlage eines Exklusivvertrags. Die Geschichte, die sich bei Apple intern entwickelte, war jedoch eine ganz andere als die, die der Öffentlichkeit präsentiert wurde.

Auf allen Ebenen des Unternehmens wurden die Anhänger von Jobs durch meiner Einschätzung nach eher mittelmäßige Talente ersetzt. Zum guten Schluss wurde ich selbst von einem kultur- und rücksichtslosen technischen Direktor, der, wie ich feststellte, keinen Schimmer von Design und Kultur hatte, aus der Firma gedrängt. Statt auf der Steuerung des Motors von Apple's Innovation schien der Schwerpunkt von Sculleys und Gassées Mission darauf zu liegen, alles zu verändern, worauf Steve Jobs Wert gelegt hatte, indem sie das Unternehmen von seiner Spitzenposition ins Mittelmaß verfrachteten. Diese Entscheidung war der Ruin für den Aufbau – und eine wahnsinnige Verschwendung – von kreativem Potenzial.

Dann entfalteten Apple's schlechte Entscheidungen ihre Wirkung im Markt. Anfang der 1990er-Jahre überstürzte Sculley, der inzwischen Apple's Cheftechnologe war, die Markteinführung des noch unausgereiften Newton Handheld-Computers. Trotz des bizarren Hypes, mit dem die öffentliche Freigabe einherging, war das Gerät zu langsam, versuchte zu viel mit zu wenig und scheiterte kläglich daran, Apple's »Goldstandard« der Benutzerfreundlichkeit zu erfüllen. Die Produktstrategie des Unternehmens geriet schließlich auch ins Wanken, weil sie immer mehr verwässerte. Zahlreiche Designer gingen mit ihrem eigenen Geschmack unter dem Markennamen Apple hausieren, und offenbar hatte niemand innerhalb der Organisation das Urteilsvermögen zu erkennen, dass die Produkte des Unternehmens langweilig und hässlich geworden waren. Letztendlich sollte es insgesamt zehn Jahre – und eine Rückkehr zur Führung von Steve Jobs – dauern, bis Apple das Steuer wieder herumreißen konnte.

Als Apple's Gewinne stagnierten, verließ John Sculley 1993 das Unternehmen, nachdem der Verwaltungsrat Michael Spindler zu Apple's neuem CEO gemacht hatte. Michael ist ein großartiger Mann, aber Apple war ein sinkendes Schiff mit zu vielen Lecks, als dass ein Mann allein sie hätte stopfen können. Nachdem er dann im Jahr 1996 aus dem Unternehmen ausgeschieden war, übernahm Dr. Gil Amelio das Ruder als CEO, eine Entscheidung, die in etwa so gut war wie »den Bock zum Gärtner zu machen«, was zwar ein hartes Urteil ist, den Nagel aber auf den Kopf trifft. Nachdem Amelio ein Drittel der Firmenbeschäftigten in die Wüste geschickt hatte und nachdem Apple's Aktienkurs auf den niedrigsten Wert seit 12 Jahren gefallen war, akzeptierte Apple's Verwaltungsrat seine Kündigung und holte Steve 1997 wieder zurück.

Zum damaligen Zeitpunkt hatten Microsoft, Compaq und Dell den PC neu definiert. Sony, Panasonic, Philips und Samsung waren »am Steuer eingeschlafen«, weil sie nicht in der Lage waren oder sich weigerten, Hardware mit Software und Inhalten zu konvergieren. Nachdem Steve als Interims-CEO zurückgekehrt war, bat er mich um strategischen Input. Ich empfahl ihm, aus Apple eine Art neues, durch digitale Verbrauchererlebnisse bestimmtes Unternehmen zu machen (außerdem empfahl ich ihm, mit Microsoft Frieden zu schließen).

Wie immer hörte Steve zu. In den Jahren seit seiner Rückkehr hat er sein Augenmerk darauf gerichtet, Apple von einem Computer-Unternehmen in einen Anbieter digitaler und medialer Erlebnisse zu verwandeln. Er hatte großen Erfolg mit der Wiederbelebung des Unternehmens – er schloss sogar Frieden mit Microsoft (nun ja, immerhin teilweise). Steve konnte auch einen Erfolg verzeichnen, der für Führungskräfte und Designer von besonderem Interesse sein sollte – Apple's kluger und strategisch richtiger Einsatz von Outsourcing. Das Unternehmen arbeitet und kommuniziert mit »Original Design Manufacturern« (ODM), während es sich gleichzeitig an der Gestaltung beteiligt und eng mit seinen eigenen Produktions- und Entwicklungsteams zusammenarbeitet, um sicherzustellen, dass seine Produkte genau die richtige Art von Anwendererlebnis bieten.

Apple bezahlt außerdem die ODMs für das Design nach den Spezifikationen des Unternehmens. Infolgedessen haben ODMs wie Foxconn und Inventec ihre Präsenz auf dem Prime Market aufgebaut, weil sie bereitwillig die Produktdefinitionen von Apple ausgeführt haben. Diese Arten von Partnerschaften sind nicht schwer zu managen, erfordern aber, dass man viel Zeit mit dem ODM-Partner verbringt, um Vertrauen und eine richtige Beziehung aufzubauen. Diese Art von Investition hat sich für Apple bereits ausgezahlt und ist im Prinzip für andere Unternehmen mit einer wagemutigen visionären Leadership ebenfalls möglich.

Eine Kultur der Innovation aufbauen

Wie die Geschichte von Apple und Steve zeigt, ist eine starke Führung wesentlich, um eine Unternehmenskultur zu kultivieren, die sich an Innovation und strategischer Kreativität ausrichtet. Die klügsten Unternehmensführer bauen eine solche Kultur auf, indem sie starke Beziehungen mit kreativen Fachleuten sowohl innerhalb als auch außerhalb des Unternehmens fördern. Wie bereits erwähnt, ist diese Form von Leadership ein wesentliches Element für die Kunst der Unternehmensführung. Leider hat die Geschäftswelt für viele kreative Menschen nichts mit »Kunst« zu tun, und das ist schade – für sie. Designer können erst dann ihr Schicksal selbst in die Hand nehmen, wenn sie die Funktionsweise von Unternehmen beherrschen und lernen, die rationale Denkweise, Vision, Ethik und Kreativität zu schätzen, die es braucht, um ein erfolgreiches Unternehmen zu führen. Sie werden erst dann wirklich professionell (wenn auch manchmal rebellisch), wenn sie die Zusammenhänge zwischen Geschäft, Macht und Geld verstehen und dann ihre kreative Kompetenz einsetzen, um zu dem gleichen Ziel zu gelangen, auf das ihre Geschäftspartner hinarbeiten.

Erfolgreiche Designer sind Kooperationspartner. Ihre Werkzeuge und Medien sind Menschen und soziale Gebilde wie Unternehmen und Industrien, und sie arbeiten häufig mit Gruppen von Menschen in den sich einander annähernden Bereichen von Wissenschaft, Kultur und Wirtschaft. Sie erschaffen Produkte und Erlebnisse für den Massenkonsum, und ihre Arbeit muss sowohl emotionale als auch rationale Relevanz haben. Designer paaren künstlerisches Talent und Kreativität mit einem gesunden Verständnis von Unternehmensstrukturen, -prozessen, -zielen und -allianzen. Sie stützen sich auf ihr gesamtes Hintergrundwissen, um Technologie- und Marktwissen in emotional unwiderstehliche Produkte und Erlebnisse zu verwandeln, von denen Verbraucher *und* Unternehmen profitieren. Zumindest sollte es so funktionieren.

Ohne eine starke Unternehmensführung, die diese Ziele unterstützt, finden sich Designer möglicherweise in einem Kampf voller kultureller und philosophischer Unterschiede mit ihren Geschäftskollegen wieder. Manche bezeichnen es als Trennung der linken und der rechten Gehirnhälfte, aber es geht um substanziellere Fragen. Die Aufgaben gehen weit über die spezifischen Befindlichkeiten von Menschen und Egos hinaus.

Leider sind Design-bestimmte Strategien häufig nicht so erfolgreich wie sie sollten, und dass sie scheitern, liegt allzu oft daran, dass die meisten Designer nicht denselben Einfluss haben wie ihre Geschäftskunden und Vorgesetzten. Nachhaltigen Erfolg für ein Unternehmen zu schaffen ist schwierig, und der Prozess geht mit einer Vielzahl von Schwierigkeiten für die Designer, Führungskräfte und Organisationen, für die sie tätig sind, einher. Unternehmensleiter sind häufig durch innerbetriebliche Probleme gelähmt und können ihre Mitarbeiter nicht dazu bringen, sich zielstrebig auf eine neue Produktentwicklung zu fokussieren. Radikale Neuausrichtungen wecken begründete Zweifel und existenzielle Ängste über Kosten, Preiskalkulationen, Gewinne und Verluste. Darüber hinaus arbeiten viele Führungskräfte in nicht-transparenten Unternehmensstrukturen, wo es an einem durchlässigen Informationsfluss hapert. Der Druck, Risiken zu vermeiden und Anlässe für interne Kritik zu begrenzen, erlegt den Entscheidungsträgern eines Unternehmens in einer solch isolierten und gespaltenen Organisation strenge Beschränkungen auf.

Letzten Endes sind Unternehmen und Wirtschaft im Wesentlichen menschliche Wagnisse. Auch wenn sie vielleicht nach rationalen Zielen streben, so sind die treibenden Elemente dahinter doch meistens irrational und unlogisch. Überdimensionale Egos, persönlicher Ehrgeiz, defensives Verhalten sowie Untätigkeit tragen jeweils ihren Teil zum Scheitern des Innovationsprozesses bei. Je größer das Unternehmen, desto wahrscheinlicher ist es, dass Führungskräfte, Manager – sogar Inhaber – den Versuchungen erliegen, den internen Wettbewerb über das Ziel, im Markt zu gewinnen, zu stellen. In diesem Fall brechen engstirnige Taktiken, Intrigen und persönliche Rivalitäten hervor – zum großen Nachteil des Unternehmens, seiner Beschäftigten, Aktionäre und Konsumenten. Es braucht geschickte Führung und eine leidenschaftliche strategische Vision, um Unternehmen sicher durch unruhige Gewässer zu leiten.

Ich war vielen Leadership-Kämpfen auf dem Weg zu Innovation ausgesetzt. Design-Karrieren werden letzten Endes durch die Arbeit in den frühen Entwicklungsstadien der Innovation geformt, wenn Entscheidungsfindungsprozesse und innerbetriebliche Mechanismen auf eine harte Probe gestellt werden. Zur Veranschaulichung, wie Leadership während des Innovationsprozesses Erfolg haben kann – oder womöglich scheitert, lassen Sie mich Ihnen von meinen Beobachtungen und Erfahrungen von der vordersten Front der Unternehmen/Design-Partnerschaft erzählen.

Den strategischen Fokus
und das kreative Kapital bewahren

Apple's Kampf, seinen strategischen Fokus aufrechtzuerhalten, liefert ein ausgezeichnetes Beispiel für die Herausforderungen, die Unternehmen im Umgang mit sich weiterentwickelnden Führungskonzepten, Wirtschaftstheorien und Märkten zu bewältigen haben. Aber Apple ist nicht das einzige große Markenunternehmen, das sein kreatives Kapital aufbrauchte, während es sich auf den Erfolgen der Vergangenheit ausruhte. Man denke nur an Motorola's Umgang mit seiner Mobiltelefonmarke. Als Ed Zander 2004 CEO wurde, hatte der leider viel zu früh verstorbene Markenvisionär Geoffrey Frost die Marke Motorola schon mit seiner »Hello, MOTO«-Werbekampagne, die bereits das, im Gegensatz zu anderen Mobiltelefonen des Unternehmens, radikal umgestaltete Motorola RAZR, beinhaltete, neu positioniert. Das RAZR unterschied sich erheblich von Motorola's vorherigen doch eher langweiligen Produkten, und durch sein neues sexy Design wurde es sofort ein Erfolg – trotz der unbeholfenen Software.

Viele Menschen bestätigten, dass die RAZR-Software wenig bedienerfreundlich war, aber niemand bei Motorola erkannte das Ausmaß der negativen Auswirkungen der Software-Oberfläche auf das Nutzererlebnis. Das Unternehmen und seine Analysten lobten sogar die Entscheidung, Motorola's Anteile an Symbian, das Unternehmen für ein mobiles Betriebssystem in Cambridge, England, an Nokia zu verkaufen. Anstatt die RAZR-Strategie durch eine verbesserte Benutzeroberfläche voranzutreiben und neue Produkte für das 3G und leichtere Taschencomputer zu entwickeln, blieben Motorola's Manager und Ingenieure bei ihren Leisten und konzentrierten sich auf das Kerngeschäft. Das Unternehmen versuchte, aus seinen vergangenen Erfolgen Kapital zu schlagen, indem es eine Reihe von Telefonen mit optimiertem äußerem Design produzierte – SLIVR, ROKR, PEBL und KRZR –, aber keins war so erfolgreich wie das RAZR.

Im Januar 2005 trat frog mit einem anderen Vorschlag an Ron Garriques, den damaligen leitenden Vizepräsidenten der Handyabteilung bei Motorola, heran. Ich versuchte, Ron davon zu überzeugen, dass das Unternehmen, um wirklich aus dem Erfolg von

RAZR Kapital zu schlagen, eine anwenderfreundlichere Produktstrategie verfolgen müsse, mit dem Ziel, alle Hauptfeatures der Software mit maximal zwei Klicks erreichbar zu machen. Zunächst war Ron interessiert, aber als unser Vorschlag den internen »Kosten-Nutzen-Check« bei Motorola durchlief, entschied das Unternehmen, dass die Einführung des neuen Benutzerschnittstellen-Software-Programms die Arbeit von 300 Menschen über 2 Jahre hinweg erfordern würde, was wiederum 50 Millionen Dollar zusätzlich kostete. Mit anderen Worten: unsere Idee eines »iPhones« von Motorola hatte keine Chance.

Nachdem unser Vorschlag verworfen worden war, bestand Rons Strategie darin, Marktanteile mit niedrigen Preisen zu »kaufen« und gleichzeitig Motorola als führenden Gerätehersteller zu positionieren – obwohl die neuen Produktdesigns für das SLIVR und andere Motorola-Telefone unterdurchschnittliche Leistungen mit derselben verkrüppelten Benutzeroberfläche lieferten. Als der Produktzyklus von RAZR nach etwa zwei Jahren zu Ende ging, galt dies ebenso für die Unternehmensstrategie, und der Aktienkurs von Motorola begann zu fallen. Die Verluste in Form von Geld und Marktanteilen stiegen immer weiter, bis Motorola's Mobilfunkbereich im Jahr 2006 sogar – erfolglos – zum Verkauf angeboten wurde. Ron wechselte im darauf folgenden Jahr zu Dell. Als der Markt sich in Richtung Smartphone-Geräte wie Apple's iPhone (mit gerade einmal 8 Prozent globalem Marktanteil erzeugte das iPhone 32 Prozent der Gewinne der gesamten Industrie!) verlagerte, übernahmen Motorola's traditionelle Konkurrenten Nokia und Samsung Marktanteile und das Unternehmen kämpfte auf einem Markt, zu dessen Entstehung es beigetragen hatte, ums Überleben. Der Sturz folgte schnell und hart und bot den Beweis dafür, wie schnell ein Unternehmen seinen strategischen Fokus verlieren kann, wenn die Führung die Signale ignoriert.

Förderung ethischer Innovation

Es ist leicht zu erkennen, welche Fehler ein Unternehmen gemacht hat, nachdem die Niederlagen offen zu Tage getreten waren. Ich wundere mich aber immer noch, warum Führungskräfte nicht bereit sind, die leitenden Egos, die interne Politik und einen Mangel an Weitblick zu überwinden, *bevor* Dinge mit lautem Getöse zu Boden gehen. Ein kurzsichtiger Blick auf das Bilanzergebnis könnte etwas damit zu tun haben. Wie wir am Dotcom-Boom und -Crash in den 1990er-Jahren sowie am wirtschaftlichen Zusammenbruch im Jahr 2008 gesehen haben, können Spekulationen und Reichtum auf dem Papier viele kluge Menschen wider besseres Wissen verführen – in den Sumpf einer kompromittierten Ethik.

Die Bedeutung einer ethischen Leadership kann gar nicht zu stark betont werden. Ethisch zu sein, ist nicht nur richtig, sondern auch eine Frage des Eigeninteresses. Unternehmen, die Ethik kompromittieren, schrecken zahlreiche Investoren und Konsumenten ab, die das Gefühl haben, dass sie den Entscheidungen der Unternehmensführung nicht mehr trauen können. Und viele talentierte Menschen zögern, in ein Unternehmen einzutreten, das den Ruf hat, nach unethischen Prinzipien zu handeln. Kurz gesagt verschenkt man mit Versäumnissen bei der Ethik langfristig die Zukunft des Unternehmens. Studien haben gezeigt, dass ethische Entgleisungen, die ungestraft bleiben, innerhalb der Unternehmen beziehungsweise Organisationen, die die Verfehlung begangen haben, zu einer standardmäßigen betrieblichen Vorgehensweise werden. Die meisten Wirtschaftsteilnehmer bemühen sich aufrichtig um ethisches Verhalten, aber es zu bewahren ist wegen des starken Wettbewerbs auf den heutigen Märkten ein Kampf. Unternehmenslenker, die es versäumen, die ethischen Implikationen ihrer Entscheidungen, Strategien und Geschäftsmodelle zu durchdenken, setzen ihre Unternehmen großen und unnötigen Risiken aus. Deshalb ist ein starkes Engagement für ethische Grundsätze ein grundlegendes Element einer erfolgreichen Leadership und einer jeden kreativen Strategie eines Unternehmens.

Die richtigen Entscheidungen für Aktionäre und Investoren zu treffen ist wichtig, aber die Führungskräfte müssen auch erkennen, dass ihrer Verantwortung gegenüber der Gemeinschaft – ihren Beschäftigten, Familien und ortsansässigen Betrieben im Umfeld ihres Unternehmens – gerecht zu werden, für einen dauerhaften Erfolg genauso wichtig ist. Vor gar nicht langer Zeit war ich bei Maytag, dem früher in Newton, Iowa, ansässigen Waschmaschinen- und Hausgerätehersteller, tätig und sah aus erster

Hand, was geschehen kann, wenn ein Unternehmen diese Verantwortung außer Acht lässt.

Maytag ist schon lange eine der bekanntesten Marken Amerikas. Mit seiner enorm erfolgreichen und langfristigen Werbekampagne mit dem liebenswerten, nicht ausgelasteten Maytag-Reparateur eroberte sich das Unternehmen einen Platz in den amerikanischen Herzen. In den 1960er-Jahren rangierte die Beliebtheit der Marke auf Augenhöhe mit Coca-Cola und McDonald's. Bedauerlicherweise konnte das Wohlwollen der Verbraucher Maytag nicht vor den erdbebenartigen Veränderungen auf dem Haushaltsgerätemarkt bewahren – Veränderungen, die die Führungsriege des Unternehmens nicht akzeptieren wollte.

Wenn Unternehmen das Niveau an Vertrauen und Wiedererkennungswert der Marke erreicht haben, das sich Maytag über die Jahre hinweg aufgebaut hat, bietet ihnen ihr unglaublicher Wettbewerbsvorteil einzigartige Möglichkeiten zur Innovation. Diese Gelegenheiten benötigte Maytag Ende der 1990er-Jahre dringend, als der Umsatz des Unternehmens bereits zu schwinden begann.

Irgendwann 1998 erhielten wir einen Anruf von Maytag mit der Bitte, eine Angebotspräsentation für die Erstellung einer neuen Website für das Unternehmen vorzubereiten. Natürlich kannte ich die Marke und den Namen, den sie sich mit ihrer »Suche nach Spitzenleistungen« gemacht hatten. Als ich mehr über das Unternehmen lernte, stellte sich mir jedoch ein weitaus komplexeres Bild dar. Über die Jahre war Maytag durch Übernahmen gewachsen und richtete sich mit herkömmlichen Pricing-Pyramid-Strategien an vertikale Märkte. Das Unternehmen besaß eine breite Palette von Produktlinien wie zum Beispiel Jenn-Air, KitchenAid, Magic Chef, Amana und Hoover, was zu einem strategischen Markenchaos führte. Maytag's Produkte und die seiner Untermarken waren nicht im Einklang mit neuen Trends, wie beispielsweise Geräte für Kleinfamilien und Single-Haushalte, und das Unternehmen war bei seinen Versuchen ins Straucheln geraten, innovative Features wie speziell auf Fleckentfernung ausgerichtete Waschvorgänge umzusetzen. Trotz dieser Unzulänglichkeiten befanden sich viele der Unternehmensmarken in hochpreisigen Marktsegmenten, wo der Erfolg von Innovation und Spitzendesign abhing. Der stärkste Vorteil des Unternehmens lag in seinen Arbeitskräften. Die Arbeiter in der Produktion und die Ingenieure waren hoch qualifiziert und ausgesprochen stolz auf die Qualität ihrer Produkte. Aber Maytag's leitendes Management richtete seinen Fokus mehr auf das »Unternehmen« als auf die Produkte und die Qualität der Nutzererlebnisse, die sie ihren Kunden anboten.

Maytag brauchte eindeutig mehr als nur eine neue Webseite. Wir bei frog schlugen ein Platform-Project vor, um so die fortschrittlichen digitalen Anwender-Features in einem markenübergreifenden Pilot-Produkt zu vereinigen. Maytag's Entwicklungsteams reagierten positiv, warnten uns aber, dass es schwierig sein könnte, die Unterstützung des Managements zu bekommen. Unsere Bemühungen hatten monatelang brachgelegen, als etwas überaus Positives geschah: Lloyd Ward wurde der neue CEO, und nach einiger interner Überzeugungsarbeit erklärte er sich einverstanden uns zu treffen. Ward hatte Erfahrung bei Procter & Gamble und PepsiCo gesammelt, und er hatte ganz offensichtlich ein gutes Verständnis für Marketingstrategien und Marktveränderungen. Er zeigte anfänglich Interesse an unserem Vorschlag für ein neues Produktentwicklungsmodell, bei dem alle Abteilungen während aller Stufen des Entwicklungsprozesses zusammenarbeiten und offen kommunizieren würden. Unser Modell erforderte die Bereitschaft, abteilungsübergreifend Vertrauen und positive Synergien zu bilden, und die Unternehmenskultur zu verändern.

Bedauerlicherweise gelang es uns nicht, die Führungskräfte bei Maytag zu überzeugen. Ob es Lloyd Wards Abneigung gegen so radikale Veränderungen oder der Widerstand der Führungskräfte war, die ihre Pfründe verteidigten, wir konnten Maytag nicht dazu bringen, diese strategische Veränderung umzusetzen. Für mich kam unsere Tätigkeit bei Maytag einer Niederlage gleich, aber in den Folgejahren erlitt Maytag eine noch größere: Anstatt durch Platzierung innovativer und inspirierender Produkte (als Grundpfeiler des nachhaltigen Erfolgs eines Unternehmens) auf seiner Markentreue aufzubauen, beschloss Maytag, die Kosten zu senken, indem es tausende Arbeitskräfte freisetzte und die Herstellung nach Asien auslagerte. Dieser Schritt war ein Verrat an Maytag's gesamter Gemeinschaft – seinen Beschäftigten, der Stadt Newton, seinen Kunden und seiner Industrie. Tausende Menschen verloren die Grundlage für ihren Lebensunterhalt durch einen Schritt, der nichts dazu beitrug, das grundlegende Problem des Unternehmens zu lösen – die Notwendigkeit verbesserter Produkte.

Wenn Maytag eine kreative Strategie entwickelt hätte, um diese Entwicklungen aktiv anzugehen, hätte es sich und seinen Markt neu definieren können, indem es umweltfreundliche, Energie-effiziente Haushaltsgeräte hergestellt hätte. Wachsender Wohlstand und das zunehmende Interesse an einem ökologisch verantwortungsvollen Lebensstil in den 1990er-Jahren hätten dazu beitragen können, dass Maytag's Produkte sich besser verkauft hätten als die der konkurrierenden Billiganbieter. Wichtiger wäre vielleicht noch gewesen, dass das Unternehmen seinen Kunden – überwiegend mittelständische amerikanische Familien mit Kindern – ein positives und inspirierendes Erlebnis geboten hätte. Diese Art von ethisch verantwortungsvoller Führung ist der Grundgedanke der von Innovation und Design bestimmten Strategien.

Letzten Endes beschloss Maytag's Verwaltungsrat, das Unternehmen an Whirlpool zu verkaufen, das im Wesentlichen die Marke des Unternehmens und die Regalflächen im Einzelhandel übernahm, jedoch weder die Menschen noch die Fabriken. Das Design-Zentrum und das Werk in Newton wurden 2006 endgültig geschlossen. Zurück blieben ein von Arbeitslosigkeit bedrohtes Newton, Iowa, und aufgebrachte Kommunalpolitiker, die ihre Wahlkreise verteidigten, indem sie die Praxis des Outsourcings verteufelten. Aber das Outsourcing war nicht der größte Fehltritt von Maytag. Stattdessen lässt sich der Niedergang des Unternehmens auf die mangelnde Vision der Führungskräfte zurückführen. Hätte die Unternehmensführung diese spektakulären Versäumnisse vermieden, indem sie ihre strategischen Anstrengungen auf ein Revival der Marke Maytag gerichtet hätte, wäre Maytag als lebensfähiges amerikanisches Unternehmen, das seine ethische Verantwortung für die Zukunft seiner Arbeiter und Kunden ernstnahm, mit im Rennen geblieben.

Nachhaltiger Erfolg

1982 schrieben Tom Peters und Robert Waterman ihren Bestseller »In Search of Excellence« (*Auf der Suche nach Spitzenleistungen*), in dem Maytag als leuchtendes Beispiel für ein Spitzenunternehmen dargestellt wurde. Trotz allem, was wir über Maytag's späteren Niedergang wissen, gelten die Erfolgsgrundsätze der beiden Autoren heute noch genauso wie damals. Diese Grundsätze gehen zurück auf die amerikanisch-puritanischen Werte harter und ehrlicher Arbeit, Achtung des Einzelnen, unternehmerischer Erfindergeist und die Akzeptanz demokratischer Werte und Statuten.

Veränderung ist eine Konstante, und Unternehmen müssen in der Lage sein, diese Veränderung positiv zu beeinflussen – oder zumindest bereit sein, die Welle, auf der sie mitschwimmen, zu verlassen, bevor sie untergehen. *Auf der Suche nach Spitzenleistungen* liefert weitreichende Beweise dafür, dass keine einzelne, konstante Strategie ein Unternehmen auf immer und ewig tragen kann. Zu den »exzellenten Unternehmen«, deren Profil Peters und Waterman in ihrem Buch beschrieben haben, zählen unter anderem Bechtel, Boeing, Caterpillar, Tractor, Dana, Delta Airlines, Digital Equipment, Emerson Electric, Fluor, Hewlett Packard, IBM, Johnson & Johnson, McDonald's, Procter & Gamble, 3M, Amdahl, Atari, Avon, Bristol Meyers, Data General, Disney Productions, Dow Chemical, DuPont, Frito Lay, K-Mart, Levi Strauss, Mars, Maytag, Merck, Wal-Mart, Texas Instruments und Wang Labs. Die meisten dieser Unternehmen haben in den Jahren seit 1982 irgendeine Krise erlebt, und einige von ihnen wie zum Beispiel Atari haben sie nicht überstanden. IBM und Delta gehören zu denjenigen, die sich von der Katastrophe erholt haben, aber nur als völlig veränderte Unternehmen bestehen. Es ist weiterhin interessant, einen Blick auf die Unternehmen zu werfen, die es nicht auf die Liste von Peters und Waterman geschafft haben, darunter General Motors, General Electric, Lockheed und Xerox.

Zweifellos darf die Führung eines Unternehmens sich nicht auf ihren Lorbeeren ausruhen. Ohne ihre Strategie in regelmäßigen Abständen zu optimieren, wird kein Unternehmen, ganz gleich wie erfolgreich es zu sein scheint, langfristig wettbewerbsfähig bleiben. Ein wirklich exzellentes Unternehmen legt ständig die Saat für zukünftige Ernten. Das mag lapidar klingen, bedeutet für die Führungsebene aber eine große Herausforderung. Investoren wollen unmittelbar Gewinne auf dem Aktienmarkt sehen und stehen Unternehmensinvestitionen für Entwicklung und Forschung im Allgemeinen eher ablehnend gegenüber – obwohl gerade diese Investitionen das Herzstück eines nachhaltigen Erfolgs sind. Diese seltsame Marktdynamik führt bei Unternehmen zu Introversion und Selbstgefälligkeit. Ohne ständige Innovations- und Wachstumsanreize von außen für Innovation und Wachstum gleiten erfolgreiche, prosperierende Unternehmen in einen internen Wettbewerb ab, Abteilung gegen Abteilung, sogar Team gegen Team. Sie verpassen Trends und Veränderungen, da sie die Dynamik der Märkte ignorieren. Und diese fehlende Weitsicht zwingt das Unternehmen unvermeidlich dazu, sich darauf zu konzentrieren, Niederlagen zu vermeiden, anstatt Erfolge zu erzielen.

Wenn verdiente Führungskräfte aus Altersgründen, durch Todesfall oder Entlassungen ausscheiden, muss die Organisation, deren Ruhm sie meist mitbegründet haben, schleunigst einen kompetenten Nachfolger finden und ernennen, der in den Ring steigt, um Schlimmeres zu verhindern.

Sony ist ein gutes Beispiel dafür, wie Unternehmen ins Straucheln geraten können, wenn der Führungsstab an die nachfolgende Generation weitergegeben wird. Der bemerkenswerte Aufstieg des Unternehmens ist allseits bekannt, und ich bin persönlich sehr stolz darauf, daran beteiligt gewesen zu sein. Das heutige Unternehmen unterscheidet sich jedoch erheblich von dem, was Masaru Ibuka 1945 als »Tokyo Tsushin Kenkyujo« (Totsuken) oder »Tokyo Telecommunications Research Institute« gründete und schließlich durch eine Partnerschaft mit Akio Morita zu dem weltumspannenden Konzern machte, den so ziemlich jeder kennt. Den meisten Menschen ist jedoch nicht bewusst, dass Sony, als Ibuka San und Morita San ihre Funktionen im Unternehmen aufgaben, mehr als nur seine Gründer verlor. Es verlor seine Seele.

Auf seinem Höhepunkt war Sony ein radikaler und idealistischer Innovator, der komplexe Hightech-Lösungen lieferte – mit Produkten, die nicht nur die Augen und Ohren der Verbraucher, sondern auch deren Geist und Herz ansprachen. Nachdem Masaru Ibuka und Akio Morita 1994 ausgeschieden waren, war Norio Ohga – mein persönlicher Mentor – der logische Erbe des Sony-Throns. Ohga San arbeitete sehr hart, um in die Fußstapfen seiner Vorgänger zu treten, aber er konnte die verschiedenen Abteilungen von Sony und deren egoistische Führungskräfte nicht auf eine strategische Bemühung einschwören. Als Ohga Ende der 1990er-Jahre Nobuyuki Idei zu seinem Nachfolger ernannte, begann die Fassade von Sony zu bröckeln. Ich lernte Idei San 1974 kennen, als er Norio Ohgas Assistent war. Ich erkannte schnell, dass er ein brillanter Manager mit einer raschen Auffassungsgabe und einem scharfen, manchmal auch zynischen Verstand war. Dennoch hatte er als CEO einfach nicht die Sony-Leadership-»Note«. Idei San's Problem als Führungskraft bestand nicht so sehr darin, dass er unerfahren oder mit den diversen Anforderungen des Sony-Geschäfts überfordert gewesen wäre. Stattdessen war sein größtes Problem, dass er neue Gelegenheiten zur Konvergenz, die sich ihm innerhalb und außerhalb des Unternehmens boten, nicht erkannte und ihm die Mittel und Persönlichkeit fehlten, egoistische Andersdenkende innerhalb seiner Organisation (und es gab einige, die sich quer stellten) zu bekehren oder zu entlassen. Mehr denn je benötigte Sony eine große und einfache Vision, die eine einheitliche Strategie kommunizierte und damit eine Parole für die vielen verschiedenen Abteilungen innerhalb des Unternehmens ausgab. Hätte Idei San das alles zustande gebracht, wäre er zu einem wahren Held geworden. Leider konnte er es nicht.

Infolgedessen wurde Sony in verschiedene Bereiche untergliedert – ähnlich wie Lehensgüter –, die sich mehr um ihr eigenes Überleben und ihren eigenen Erfolg sorgten als den Erfolg von Sony. Sicher, das Unternehmen produzierte großartige neue Produktlinien wie den digitalen Walkman, die PlayStation und die Vaio Computer. Aber es gab keine Kernvision für die Marke Sony und es gab kein strategisches Zusammenwachsen von Hardware, Software und Media Content des Unternehmens. Selbst die Einzelhandelsstrategie von Sony wurde zu einer halbherzigen Angelegenheit.

Die Wurzel all dieser Probleme lag in Idei Sans Unfähigkeit, Sonys neues mittleres Management auf Sonys Grundwert »Das Einfache ist das Beste« einzuschwören (und »das Beste« bedeutet im Japanischen »am schwierigsten zu erreichen«). Trotz anderslautenden Beteuerungen hatten diese neuen Manager keine Ahnung von der Wirklichkeit der Unternehmensführung auf der globalen Ebene, auf der Sony und die digitale Konsumgüterindustrie mitspielten. Infolgedessen fuhren sie das Unternehmen gegen die Wand. In Idei San's letztem Jahr als CEO übertraf Funai, ein unbekannter japanischer ODM, der unter anderem Einzelhändler wie Wal-Mart mit elektronischen Produkten beliefert, Sony mit einer um vier Mal höheren Gewinnspanne. Sir Howard Stringer wurde 2005 der Nachfolger von Idei San. Nach seinem ersten Jahr an der Spitze des Unternehmens war der Gewinn geschrumpft und das Gesamtergebnis eingebrochen, und das Unternehmen musste 2008 eine noch glanzlosere Performance verzeichnen. Ganz gleich, wie viele Menschen Sony-Produkte lieben – ich gehöre nach wie vor dazu –, die meisten würden zugeben, dass das Unternehmen seine Position als eine der innovativsten Marken nicht halten konnte. Tatsächlich ist es vielleicht sogar auf dem Weg in eine noch kritischere Mittelmäßigkeit, es sei denn, Sir Howard kann das Unternehmen zurück zu Sonys Grundwerten der strategischen Einheit und Einfachheit bringen.

Im Rahmen meiner Arbeit mit Henri Racamier, ehemaliger CEO von Louis Vuitton, wurde ich Zeuge einer ganz anderen »Wachablösung«. Henri, Stahlmagnat im Ruhestand und sehr wohlhabend, hatte die Geschäftsführung von Louis Vuitton auf Bitten seiner Frau Odile, Enkelin des Unternehmensgründers Georges Vuitton, übernommen. Von 1977 bis 1987 verwandelte Henri das Unternehmen in einen der weltgrößten und profitabelsten Luxusgüter-Konzerne. Henri erzielte diesen Erfolg, indem er die Grundwerte des Unternehmens – Fertigung von qualitativ hochwertigen Luxusgütern – weiterführte und gleichzeitig seinen Ansatz der Exklusivität, den das Unternehmen verfolgte, auf den neuesten Stand brachte, indem er diese Produkte einem größeren Verbrauchermarkt zugänglich machte.

Als ich 1977 die Zusammenarbeit mit Henri und seinem Team begann, hatte Louis Vuitton gerade einmal zwei Geschäfte – eins in Paris in der Avenue Marceau und eins in Nizza – die circa 14 Millionen Dollar jährlich Umsatz machten. Schon damals hatten Louis Vuitton-Taschen und -Koffer Kultstatus bei modebewussten Kunden – besonders aus Japan – erreicht. Die Schlangen vor dem Geschäft in Paris reichten bis auf die Straße, und das Unternehmen begrenzte den Verkauf auf zwei Taschen pro Einkauf, um zu verhindern, dass die Kunden die Gepäckstücke anderenorts weiterverkauften. Henri war jedoch nur mit dem Verkauf von Taschen und Koffern nicht zufrieden – seine Vision für das Unternehmen ging weit darüber hinaus.

Er begann, die Marke Louis Vuitton in eine ganz neue Art von Luxusgütererlebnis zu verwandeln. Und er tat es, ohne die traditionellen Werte des Unternehmensgründers zu opfern.

Zur Verwandlung der Louis Vuitton-Marke gehörte unter anderem ein neuer Design-Grundsatz, der durch Racamiers Zusammenarbeit mit frog design entwickelt wurde – eine Strategie, die wir als »nicht-passend« (non-matching) bezeichneten. Traditionell stimmten Frauen ihre Handtaschen auf den Stil und die Farbe ihrer Kleidung ab, was bedeutete, dass sie viele verschiedene Handtaschen brauchten. Wir fanden heraus, dass Vuittons ursprüngliche braun-goldene »Etoile«- und »Chess«-Muster – die entworfen worden waren, um Kratzer zu verstecken – hinsichtlich der sich verändernden saisonalen Mode als »neutral« betrachtet wurden. Daraufhin erweiterten wir dieses Konzept des »neutralen« Designs auf Farben und kreierten eine Linie von Ledertaschen, die als eigenständige Produkte mit einem klassischen Aussehen entworfen wurden. Sie waren über die Jahreszeiten und in der Tat über Jahre hinaus tragbar– eine Linie von Vuitton, die Frauen und Männer unabhängig von ihrem sozialen Status und Alter ansprach.

Die Anziehungskraft von »LV« wurde so universell, dass jeder – von den Damen der High Society bis hin zu Filmstars oder gar Prostituierten – auf der ganzen Welt begann, voller Stolz Louis Vuitton-Taschen zu tragen. Das neue Branding war nicht speziell so gestaltet, dass es einem weltweiten Publikum gefallen sollte und spielte die französischen Wurzeln des Unternehmens nicht herunter. Louis Vuitton ist und bleibt eine Pariser Marke (daher die Worte »*Malletier a Paris*« oder »Taschenmacher zu Paris« auf seinen Labels), und seine französische Prägung hat dazu beigetragen, dass die Marke ihren Kultstatus aufrechterhalten konnte. Allerdings sieht man die Marke LV heute auf Luxusgütern weltweit (und man muss in Paris nicht mehr Schlange stehen, um eine Tasche zu bekommen).

Als dieses neue Branding Wirkung zeigte und das Unternehmen zu wachsen begann, drängte Henri auf Top-Partner in den Bereichen Marketing und Kommunikation. Einer seiner brillantesten und wagemutigsten Züge war, die Qualifikationsrennen des America's Cup in den Louis Vuitton Cup zu verwandeln. Als der Umsatz von Vuitton dann Mitte der 1980er-Jahre etwa 700 Millionen Dollar erreichte, erkannte Henri, dass das Unternehmen aufgrund seines Wertes ein potenziell ungeschütztes Ziel für Übernahmen war. Um Louis Vuitton vor einer feindlichen Übernahme zu schützen, verschmolz Racamier Vuitton mit Moet Hennessy und schuf so das als LVMH bekannte Unternehmen.

Ironischerweise kostete der Erfolg der LVMH-Fusion Henri letzten Endes seine Position. Henri verließ das Unternehmen, nachdem Bernard Arnault 1990 eine erfolgreiche »feindliche« Übernahme von LVMH gelang – ein weiteres (zugegeben etwas brutales) Beispiel dafür, wie ein kompetenter Nachfolger die Führungsposition in einem erfolgreichen Unternehmen übernehmen kann. Ironischerweise wurde mit Arnaults Übernahme Henris Vermächtnis tatsächlich am Leben gehalten. Arnault weitete Henris erfolgreiche »erschwinglicher Luxus«-Strategie aus, indem er den LV-Stall mit einer Reihe weiterer Nobelmarken wie Fendi, TAG Heuer und Kenzo vervollständigte und so den Erfolg des Unternehmens weiter ausbaute.

Nach seinem Ausscheiden aus dem Unternehmen leitete Henri »Orcofi«, die konsolidierte Firma, die das Vuitton-Familienvermögen überwachte, und war fortan in seiner Rolle als leidenschaftlicher und bedeutender Wohltäter der Kunst, insbesondere der Musik, tätig. Henri verlor nie seine Energie und seine Begeisterung für das Leben. Er verstarb 2003 im Alter von 90 Jahren auf Reisen in Sardinien, während er tat, was er am meisten liebte. In ihrem Nachruf schrieb die *New York Times,* dass LVMH, als Henri aus dem Unternehmen ausschied, 130 Geschäfte auf der ganzen Welt unterhielt und einen Umsatz von 1,2 Milliarden Dollar verzeichnen konnte. Im dritten Quartal 2008 verzeichnete das Unternehmen Wachstum im zweistelligen Bereich in einem schwierigen Markt.

Jede der in diesem Kapitel beschriebenen Führungskräfte hatte sowohl eine große Vision als auch die einzigartige Fähigkeit, diese Vision Realität werden zu lassen. Somit ist Erfolg nicht nur ein Produkt aus Inspiration, großen Träumen und einer charismatischen Persönlichkeit – obwohl diese Faktoren mit Sicherheit eine Rolle spielen. Die besten Führungskräfte und die erfolgreichsten Unternehmen zeichnen sich außerdem durch die Bereitschaft und die Sehnsucht aus, das Unbekannte zu erforschen. Und sie haben eine tiefe und dauerhafte Achtung vor Design und seiner Macht, Motor einer Strategie der Kreativität und Innovation zu sein.

Wenn ich nach vierzig Jahren an die Führungskräfte zurückdenke, die mich inspiriert, gelehrt und unterstützt haben, unter anderem diejenigen, die ich auf diesen Seiten beschrieben habe, bin ich meinen ersten Mentoren nach wie vor zutiefst dankbar für ihre Anleitung und ihre Führung. Sie inspirierten mich und lehrten mich meine Talente durch harte Arbeit zu entwickeln. Ja, die Jahre haben mir gezeigt, dass viele Unternehmen eher von der unbarmherzigen Suche nach besseren Zahlen getrieben werden als dem visionären Streben nach Innovation. Aber genauso habe ich gesehen, dass diese Unternehmen den langfristigen und nachhaltigen Erfolg niemals erreichen werden, der aus einer kreativen Strategie und Design-bestimmten Spitzenleistungen resultiert. Ein solcher Erfolg erfordert eine starke Führung, die sich durch ihre strategische Vision, ihre ethische Verantwortung gegenüber den Mitarbeitern und der Gesellschaft, ihren Mut, neue Wege zu beschreiten, und durch ihre Fähigkeit, Träume wahr werden zu lassen, definiert.

3

Mit Design gewinnen: die kreative Unternehmensstrategie

*»Nimm dir Zeit zum Nachdenken, aber
wenn die Zeit zum Handeln gekommen ist,
höre auf zu denken und mach dich auf den
Weg.«*

Napoleon Bonaparte

Wie der großartige Coach Vince Lombardi sagte: »Gewinnen ist eine Haltung – leider gilt das auch fürs Verlieren.« In großen Teilen der Geschäftswelt überschattet die Angst zu verlieren oft den Wunsch zu gewinnen. Getrieben von dieser Angst, streben die meisten Unternehmen an, mit den Standards »rational, messbar und billig« – mit anderen Worten »Erfolg durch Mittelmaß« – konform zu gehen. Das wirkliche Leben funktioniert aber nicht so. Die Mehrzahl der Herausforderungen, die Entscheidungsträger in Unternehmen zu bewältigen haben – sei es innerhalb ihrer Unternehmen oder auf ihrem Absatzmarkt – erfordern emotionale, mehrdeutige und teure Lösungen. Daran erkennt man die Kluft zwischen der unternehmenseinheitlichen Geschäftsstrategie und der Funktionsweise der übrigen Welt.

Um diese Lücke zu schließen, wenden sich Unternehmer und Führungskräfte an Berater wie frog, die ihnen helfen sollen, die nächste Stufe der strategischen Entwicklung zu erreichen. Wir haben gesehen, wie Design-orientierte Innovationen für Unternehmen eine kreative Ausgangsposition erzeugen können und wie eine starke, vorausschauende Führung den Weg zu nachhaltigem Erfolg weist. Aber wenn es darum geht, den ersten Schritt zu tun – eine überzeugende Geschäftsstrategie und einen taktischen Plan für ihre Umsetzung aufzubauen –, benötigen Unternehmen den zündenden Ideenpool kreativer Köpfe. In ihrer Funktion als strate-

Schwungrat. Hartmut Esslinger
Copyright © 2009 WILEY-VCH Verlag GmbH & Co. KGaA, Weinheim
ISBN: 978-3-527-50492-3

gische Kreativ-Direktoren wissen die besten Design-Firmen, dass eine frühzeitige oder »Pre-PLM« (Prä-Produkt-Lebenszyklus-Management)-Unternehmensstrategie für eine erfolgreiche Innovation lebenswichtig ist. Sie dringt zum Kern der Sache vor und offenbart die Realitäten sowohl des Marktes als auch der Fähigkeiten des Unternehmens.

Einige der wertvollsten Lektionen und Ratschläge, die ich im Laufe meines Berufslebens gesammelt habe, kamen aus Japan. Kenichi Ohmae's Klassiker *The Mind of the Strategist* (dt. Titel: *Japanische Strategien*) war eine unschätzbare Informationsquelle zum Thema Unternehmensstrategie, und ich glaube, dass seine Aussagen heute noch genauso gültig sind wie vor 30 Jahren. Eine von Ohmae's wichtigsten Empfehlungen ist ein großartiges Beispiel für das fortwährende japanische Thema, das ich bereits im vorhergehenden Kapitel erwähnt habe, »Das Einfache ist das Beste«. »*Beim Aufbau einer Unternehmensstrategie*«, so schreibt er, »*müssen drei Hauptmarktteilnehmer berücksichtigt werden: das Unternehmen selbst, der Kunde und der Wettbewerb.*« Ein recht geradliniger Rat, aber (wiederum) nicht so leicht zu befolgen.

Es herrscht die allgemeine Meinung, dass Geschäftsleute gut organisiert und eher konservativ sind, während kreative Menschen eher chaotisch und progressiv sind. Für Kenichi Ohmae jedoch schließen sich weder Kreativität und Organisation noch konservative Geschäftspraktiken und progressive Ideen gegenseitig aus. Im Gegenteil, er legt nahe, dass einige Elemente des kreativen Ansatzes beim Aufbau einer überzeugenden Unternehmensstrategie von entscheidender Bedeutung sind: »*Der wahre Stratege kann flexibel auf die unvermeidlichen Veränderungen in der Situation, in der sich das Unternehmen befindet, reagieren*«, schreibt er. »*Und gerade diese Flexibilität steigert wiederum die Aussicht auf Erfolg.*« Ohmae erzählt seinen Lesern auch, dass es sich bei Strategie sowohl um eine rationale als auch eine emotionale Folge von Schritten handelt und dass die beste Herangehensweise darin besteht, die komplexen Herausforderungen in lösbare Aufgaben zu untergliedern. Ohmae spricht über Strategie – die langfristige Planung von Handlungen, um ein bestimmtes Ziel zu erreichen oder gegen Wettbewerber zu gewinnen – und Taktiken – die Maßnahmen, die man ergreift, um strategische Entscheidungen umzusetzen. In diesem Kapitel werden wir uns genauer damit beschäftigen, wie Wirtschaftslenker und Designer bei Aufbau und Umsetzung überzeugender kreativer Strategien zusammenarbeiten.

Der strategische Plan

Die Flexibilität einer kreativen Strategie ist ein wesentlicher Bestandteil der Design-Kultur. Veränderung ist das Mantra des Designers. Wir bei frog prägten in der Tat einst den Slogan – »Change is Fun« (»Veränderung macht Spaß«), um diesen kulturellen Grundsatz anzuerkennen und unsere diesbezügliche Verantwortung zu verinnerlichen. Er erinnert uns als Designer außerdem immer daran, auf neue Möglichkeiten zuzugehen und niemals die Zufriedenheit aus den Augen zu verlieren, die uns strategischer Erfolg und der Sieg, den unsere Kunden mit einem einzigartigen Wettbewerbsvorteil generieren können, bringen. Schließlich geht es beim Geschäft ums Gewinnen. Wie der Militärstratege Shun Tzu beobachtete, ist der Sieg und nicht das bloße Durchhalten das wesentliche Ziel einer jeden Schlacht.

Eine erfolgreiche Unternehmensstrategie offenbart ihre wichtigsten militärischen Wurzeln durch ihr Vertrauen auf einen Plan, wie man zukünftige Ressourcen (neue Technologien und Trends) verwendet und auf zukünftige Bedrohungen (wie Erwärmung der Erdatmosphäre) reagiert. Eine Unternehmensstrategie steckt die langfristige Richtung eines Unternehmens oder einer Marke ab. Sie muss die richtige Art von Markt anvisieren, einen Markt, dessen Bedürfnisse am besten zu der speziellen Kompetenz des Unternehmens passen. Und eine solide Unternehmensstrategie muss die verfügbaren Ressourcen des Unternehmens berücksichtigen ebenso wie die Ressourcen, die noch erworben oder entwickelt werden müssen, um Wettbewerber in diesem Markt zu übertreffen.

Diese Art von Erfolg kann nur durch Kooperationen erzielt werden, bei denen alle Partner die grundlegende Rolle der Kreativität im Strategieplan erkennen und verstehen. Wirtschaftslenker, die Design als mehr oder weniger ästhetischen »Schliff« für langweilige und einfältige Unternehmensmodelle betrachten, können in den Medien durchaus vorübergehend gut dastehen, aber ihre Momente im Rampenlicht sind eigentlich bereits gezählt. Es dauert einen Tag, eine faszinierende »Studie« zu erstellen, aber Jahre, um ein neues strategisches Unternehmen aufzubauen. Werfen wir einmal einen Blick auf die üblichen Elemente der erfolgreichsten kreativen Unternehmensstrategien.

Die vierte Linie: Aufbau strategischer Reserven

Cäsar, der berühmte römische Stratege, erkannte, dass eine Armee selbst in den aufreibendsten Situationen Reserven benötigt. Mit seiner berühmten Strategie der »vierten Linie«, bei der er in der Hitze des Gefechts unverbrauchte, verborgene Kräfte mobilisierte, machte er sich um ein weiteres Kapitel in der Geschichte der strategischen Kriegsführung verdient. Dasselbe Maß an Voraussicht und langfristiger Vorbereitung ist für eine Strategie erforderlich, die sofortige, kurzfristige Hindernisse überdauern soll – sei es ein heftiger Angriff seitens eines scharfen Konkurrenten oder mangelnder Konsum aufgrund einer ins Stocken geratenen Konjunktur. Kluge Führungskräfte müssen einen Plan erstellen, um ihre Stellung im Hinblick auf Marktanteile und Gewinne zu halten, aber gleichzeitig werden sie ohne strategische Reserven nicht gewinnen – das können neue Unternehmenskonzepte sein oder einfach schlafendes Potenzial, das sie zum Gegenangriff und zum Gewinnen von Marktanteilen wirksam einsetzen könnten.

Die Wiedergeburt von Apple ist ein gutes Beispiel für die Anwendung dieser Strategie in der Praxis. Mitte der 1990er-Jahre brach das Unternehmen unter dem wachsenden Druck durch Dell, HP und andere Computer-Marken fast zusammen. Apple's Macintosh-Marktanteil befand sich im unteren einstelligen Bereich. Das Unternehmen machte den Eindruck, als sei es am Ende. Industrieanalysten erklärten, dass Apple beginnen müsse, im Computer-Bereich wettbewerbsfähig zu werden, wenn es nicht in der Bedeutungslosigkeit verschwinden wollte. Zu jenem Zeitpunkt kehrte Steve Jobs als CEO zurück.

Die erste taktische Maßnahme, die Jobs ergriff, um Apple wieder in den Markt zu bringen, bestand darin, dem Aderlass von Marktanteilen Einhalt zu gebieten, indem er neue Produkte mit extravagantem Design und einem neuen Betriebssystem auf den Markt brachte. Soweit seine Konkurrenten wussten, setzte er auf die einzige Stärke, die Apple damals geblieben war: Design und Benutzerfreundlichkeit. Aber diese alten Merkmale der Apple-Produkte waren nicht die einzigen Geschütze, die das Unternehmen auffahren konnte. Was Jobs' Konkurrenten nicht sahen, war das kreative Potenzial des Unternehmens im Bereich der digitalen Konvergenz. Diese Entwicklung trieb Jobs voran. Als Apple begann, Produkte einzuführen, die ganzheitliche Verbrauchererlebnisse aufgrund der Synergie von Software, Hardware und Internet boten, überflügelte er damit Dell, HP und die anderen PC-Marken. Ihre Strategien hatten sie nicht darauf vorbereitet, auf Apple's neuem Spielfeld anzutreten – sie besaßen weder die richtige Software noch konnten ihre Produktlinien an diese neuen Verwendungsmöglichkeiten angepasst werden. Während seine Konkurrenten also ihren Fokus auf die Verteidigung ihres Status quo im PC-Markt richteten, eröffnete Steve Jobs eine ganz neue Angriffslinie, indem er neue und bisher gänzlich unbekannte Märkte entwickelte. Das erste Ergebnis dieser Strategie war die iPod/iTunes-Produktlinie. Das zweite war das iPhone.

Diese versteckte »vierte Linie«, ein Vorrat an neuer Produktentwicklung und Innovation, überrumpelte Apple's Konkurrenten und führte zu überstürzten und chaotischen Reaktionen. Als HP's damaliger CEO Carly Fiorina versuchte, mit ihrer »digitalen Verbraucherstrategie« aufzuholen, schloss sie ein Abkommen mit Apple, das beinhaltete, dass HP Apple's iPod unter dem Dach der Marke HP, aber ohne Veränderung des Designs verkaufen durfte. Selbstverständlich sahen die Verbraucher wenig Sinn darin, ein offensichtliches Apple-Produkt von HP zu kaufen. Als Fiorina dieser naiven Operation schließlich ein Ende setzte, war es für HP zu spät, um mit einem eigenen Produkt auf diesen neuen boomenden Markt zu kommen.

Dell blieb stärker im eigenen Wohlfühlbereich und brachte einfach sein Logo an einem ansonsten gewöhnlichen Musicplayer an, aber auch diese Strategie ging nicht auf. Dell's Player sah langweilig aus, während der iPod ein unverbrauchtes, aufregendes Design bot (und damit Apple's anfängliche Stärken noch wirksamer nutzte).

In der Zwischenzeit gewann Apple durch das Aufbrechen des Marktes wieder Bedeutung als Mind-Share-Leader (d. h. als Marktführer im Hinblick auf die geistige Beschäftigung mit dem Produkt). Das Unternehmen nahm weiterhin Fahrt auf und begann, gute Fortschritte im PC-Bereich zu machen, was zu erheblichen Gewinnen bei den Macintosh-Produkten führte. Apple's Glanzstück war die Eröffnung eigener Einzelhandelsgeschäfte, die neben einem aufregend neuen Maßstab für exzellentes Ladendesign und einem effizienten Dienstleistungskonzept auch einen kulturellen und inspiratorischen Rahmen schufen, in dem Apple-Produkte noch stärker glänzen konnten.

Neben dem traditionellen Einsatz der »vierten Linie«, um den Wettbewerb zu überflügeln, bewies Steve Jobs' Neuerfindung der Marke Apple zwei äußerst wichtige Wahrheiten über Strategie: Erstens kann eine gute kreative Strategie definieren, trotz äußerer – und unkontrollierbarer – Faktoren welche die potenziellen Möglichkeiten eines Unternehmens beeinflussen können. Zweitens basieren überzeugende Strategien auf den Werten und Erwartungen derjenigen, die Anteile und Einfluss im und außerhalb des Unternehmens haben.

Messbaren Erfolg durch relative Marktanteile erzielen

Das Ziel einer jeden Unternehmensstrategie besteht darin, messbaren Erfolg zu erzielen. Obwohl die Geschäftswelt ständig Kennzahlen und Tabellen zur Bewertung ihrer Erfolge generiert, kann der begrenzte Fokus auf Gewinne nicht als einzige Erklärung der Wettbewerbsstärke des Unternehmens gelten. Der relative Marktanteil eines Unternehmens – sein Marktanteil geteilt durch den Marktanteil seines stärksten Wettbewerbers – ist ein besserer Indikator für Erfolg, weil er darüber Auskunft gibt, wie erfolgreich das Unternehmen im Verhältnis zu seiner größten Bedrohung auf dem Markt ist.

Zur Erinnerung, nur der relative Marktanteil des Marktführers ist größer als eins. 2006 beispielsweise hatte HP einen globalen Marktanteil an PCs von 17,4 Prozent und Dell, der nächste Wettbewerber, stand bei 13,9 Prozent. Wenn Sie nun nachrechnen, so bedeutet das, dass HP einen relativen Marktanteil von 1,25 hatte – was nicht gerade viel ist.

Eine andere Geschichte ist HP's Druckersegment. Das Unternehmen hatte 2005 einen globalen Marktanteil von 49 Prozent, gefolgt von Samsung als stärkstem Wettbewerber mit 8,7 Prozent. Das bedeutet, dass HP einen beherrschenden relativen Marktanteil von 5,6 hatte. Noch atemberaubender war Apple's Herrschaft auf dem digitalen Music Player-Markt im Mai 2008, als die iPods bei etwa 71 Prozent und ihr nächster Konkurrent, San Disk, bei 11 Prozent Marktanteil lagen. Das entspricht einem relativen Marktanteil von 6,5 für Apples iPod.

Um seine Position im Markt auszubauen, brauchte HP's Führung einen Plan, um sein Standing auf dem PC-Markt zu verbessern. Demselben Grundsatz folgend musste Dell auf dem Druckermarkt aktiv werden, was das Unternehmen auch tat. Dagegen ist Apple's iPhone ein strategischer Eckpfeiler des Unternehmens, weil die Führungskräfte des Unternehmens verstanden haben, dass ein konvergentes Smartphone mit den Möglichkeiten eines Media Players einen immer größeren Prozentsatz des digitalen Music Player-Markts beherrschen wird.

Bisher haben wir über einen relativen Marktanteil gesprochen und wie er auf die herrschenden Global Player in der Verbrauchertechnologie (Unternehmen, das sollte man beachten, die fast vollständig von Outsourcing-Partnerschaften mit ODMs in Asien abhängig sind) angewendet wird. Lassen Sie uns nun einen Blick auf eine Gruppe von kleinen und mittelgroßen Branchen werfen, wo das Kriterium des relativen Marktanteils ein weitaus wertvollerer Indikator für Erfolg ist.

Die deutschen Mittelstandsunternehmen Mitte bis Ende des 20. Jahrhunderts liefern ausgezeichnete Beispiele für kleine bis mittlere Unternehmen, die zu den wahren Motoren der Volkswirtschaft wurden. Diese Unternehmen befanden sich weitgehend im Besitz und unter der Leitung einzelner Familien, die einen verhältnismäßig kleinen Nischenmarkt bestimmten und Experten darin wurden, diesen Markt zu bedienen.

Heute machen die Mittelstandsunternehmen immer noch einen Großteil der deutschen Volkswirtschaft aus und werden von den deutschen Volkswirtschaftlern oft als »Heimliche Sieger« oder

»Hidden Champions« bezeichnet. Für diese Unternehmen trennt der relative Marktanteil nicht nur die Marktführer von ihren Verfolgern, sondern ist auch ein weitaus wertvollerer Erfolgsindikator, weil die Unternehmen nach wie vor eine vollständig integrierte Wertschöpfungskette verwenden (d. h. all die komplexen Prozesse der Supply Chain, die nötig sind, um ein Produkt oder eine Dienstleistung vom Lieferanten zum Verbraucher zu transportieren, und die Produktionsschritte, die zum endgültigen Wert des Produktes für den Verbraucher beitragen). Anders als die zuvor erwähnten Global Player besitzen und kontrollieren die Mittelstandsunternehmen auch ihr eigenes geistiges Eigentum, sowohl im Hinblick auf Innovation als auch auf Prozesse.

1996 hatten führende Mittelstandsunternehmen in Deutschland (wie zum Beispiel Trump, einer der Weltmarktführer im Bereich Laserstrahlschneiden und Metallformung) einen relativen Marktanteil von 1,56. Heute ist der Vorsprung des Mittelstands als Reaktion auf den wirtschaftlichen Druck durch Wettbewerb in Asien und neue Investitionen in grüne Technologien auf über 2,3 gewachsen, was bedeutet, dass der Marktanteil des Mittelstandsführers um 130 Prozent größer ist als der seiner größeren Wettbewerber.

Das Geheimnis dieses Erfolgs liegt in der Strategie und der Leidenschaft der Mittelständler für Verbesserung und Innovation. Diese kompetenten Unternehmenslenker haben hart gearbeitet, um Marktführer auf einem schwierigen und ausgesprochen spezialisierten Markt zu werden – ein Markt, der groß genug ist, um ein paar Milliarden Dollar mit schwankenden Gewinnmargen hervorzubringen, aber zu klein für die »globalen Riesen« wie Siemens, GE oder Matsushita-Panasonic.

Die Mittelstandsunternehmen profitieren auch von ihren strategischen Standorten. Die meisten haben sich in der Nähe mittelgroßer oder großer deutscher Städte mit sehr guten Universitäten niedergelassen, sodass die Unternehmen sowohl auf heimische Zulieferer als auch auf einen Pool hochqualifizierter Fachkräfte und Arbeitnehmer zugreifen können. Die Gemeinschaften, die um diese Unternehmen herum entstanden sind, sind eng verzahnt, da viele der Beschäftigten auch ihre Freizeit in Fußballvereinen oder bei anderen kulturellen oder sozialen Veranstaltungen miteinander verbringen. Solche sozialen Organisationen verleihen dieser Mischung ein wertvolles ethisches Element, eng verbunden mit dem Konzept der Gemeinschaft, das wir im zweiten Kapitel behandelt haben. Wenn jeder im Unternehmen den anderen gut kennt, haben alle größere Achtung vor ihren Kollegen und dem Unternehmen. Bevor ein großartiges Produkt als Standardprodukt betrachtet und zu Billiglöhnen in andere Länder ausgelagert wird, arbeiten Menschen in erfolgreichen mittelgroßen Unternehmen eng zusammen, um eine neue und bessere Lösung einzuführen. Im Rahmen dieses Prozesses gelingt ihnen häufig das Unmögliche und das sogar bei niedrigeren Kosten, als Massenentlassungen und Umsiedlung ermöglichen würden.

Die Taktik der kreativen Unternehmensstrategie

Mit einer eleganten kreativen Strategie kann sich ein Unternehmen gut positionieren, aber selbst die beste Strategie kann nur von Erfolg gekrönt sein, wenn sie mit einer gut gewählten Taktik umgesetzt wird. Innovation kann eine Schlüsseltaktik sein, besonders wenn sie eher die vorhandenen Ressourcen als neue Technologien nutzt, um die Vorlieben der Kunden zu befriedigen. Bei der Entwicklung von iPod und iTunes beispielsweise bestand Apple's erfolgreiche Innovationstaktik darin, vorhandene Technologien zu integrieren, zu veredeln und zu komprimieren, um ein nahtloses konvergentes Verbrauchererlebnis zu schaffen. In Anlehnung an Kenichi Ohmae war Apple's Innovation eine einfache Lösung, die eine komplexe Mischung von visionärem Leadership und einer engagierten Unternehmens-»Gemeinschaft« erforderte.

Die Geschichte des Erfolgs von Mittelstandsunternehmen hinsichtlich relativer Marktanteile zeigt weitere Parallelen zwischen kreativen Unternehmens- und Militärstrategien. Cäsar wusste, dass kleinere Einheiten leistungsfähiger sind als große Armeen, weil sie effizienter kommunizieren und schneller auf unerwartete Situationen reagieren können. Cäsar führte und unterstützte seine Truppen von innen heraus, wobei er gleichzeitig einen offenen und ehrlichen Austausch strategischer Erkenntnisse förderte. Die deutschen Mittelstandsunternehmen scheinen die römische Geschichte präsent zu haben. Sie führen und unterstützen ebenfalls von innen heraus, und sie haben eine kooperative Kultur der offenen Kommunikation, die jedem im Unternehmen hilft, sich ein realistisches Bild von Wettbewerb und Markt zu machen, anstatt nur die mit Zuckerguss überzogenen Wohlfühl-Lobeshymnen zu schlucken, mit denen Manager häufig gefüttert werden. Diese Stärken fördern eine Kultur der Innovation und des Wir-Gefühls, eine grundlegende Taktik, um sich relativen Marktanteil in einem stark umkämpften Markt zu sichern

Ich habe diese kooperative Kultur in Aktion gesehen – manchmal sogar in *extremer* Aktion. Vor einiger Zeit wurde frog damit beauftragt, ein äußerst innovatives Produkt für ein deutsches Unternehmen zu entwerfen, und der Firmeninhaber und Geschäftsführer lud etwa zwanzig Leute zu einer ersten Vorbesprechung ein, damit wir uns ein klares Bild von dem Unternehmen machen konnten. Von den Anwesenden waren nur vier oder fünf »Anzugträger«. Die anderen waren einfache Arbeiter aus Produktion, Logistik oder Qualitätskontrolle – sogar eine Mitarbeiterin der Cafeteria war anwesend, weil sie »jeden in dem Unternehmen kannte«. Ich erfuhr auch, dass an der Besprechung einige Rentner teilnahmen, die in der Nähe des Werkes wohnten. Die Logik des Firmeninhabers bei der Zusammensetzung dieser Gruppe war so schlicht wie genial: Jeder im Raum war dem Unternehmen tief verbunden und konnte seine Gedanken deshalb selbstbewusst vortragen. Im Zuge dessen kamen weitere brauchbare Ideen und Ressourcen aufs Tapet, weil diese Mitarbeiter freimütig über ihre Erfahrungen berichteten. Der Firmeninhaber verstand auch, dass »Kreativität« nicht mit der Holzhammermethode umgesetzt werden kann. Um Erfolg haben zu können, muss eine kreative Strategie auf einem gemeinsamen kulturellen Verständnis beruhen.

Es braucht das kreative Management von Menschen, visionäre Führung, um einen Prozess zu schaffen, und den Mut und die Loyalität der gesamten Organisation, um bis zum Schluss durchzuhalten und die Früchte des Erfolgs zu ernten. Letzten Endes geht es beim Sieg um Know-how und Chancen. Erfolgreiche Unternehmensstrategen erkennen eine sich bietende Chance und implizieren Kreativität, mit dem Ziel, den Markt für sich zu gewinnen.

Die Entwicklung einer erfolgreichen Strategie

Natürlich mussten meine Frau und ich als Leiter von frog dieselben Lehrstücke für Strategie und Taktik in unserem eigenen Unternehmen praktizieren, in denen wir auch unsere Kunden unterwiesen. Wenn wir eine gut funktionierende Strategie und einen ebensolchen Prozess fanden, nutzten wir ihn zu unser aller Vorteil. Gleichzeitig waren wir uns aber bewusst, dass keine Strategie ewig funktioniert, besonders im Reich von Technologie und Design. Unser Ziel war es immer, für die nächsten Jahre an der Spitze zu bleiben. Ich drängte mein eigenes Team, unsere Strategie und Taktik ständig zu analysieren und anzupassen, und wir fordern unsere Kunden auf, unserem Beispiel zu folgen. Und frog's Unternehmensansatz entwickelte sich – gleichzeitig mit seinem Ansatz für kreative Strategie – in den letzten 40 Jahren drastisch. Lassen Sie uns einen Blick auf einige der unveränderlichen Prinzipien werfen, die für diese Entwicklung mitverantwortlich waren.

Nur das Beste

Wie Sie in Kapitel 1 gelesen haben, begann ich 1968 und 1969 mit Zielen, die heute noch die gleiche Gültigkeit besitzen wie damals. Diese Grundsätze legen nach wie vor fest, wie wir bei frog Geschäfte machen (siehe Kasten: Die vier frog-Grundsätze). Schließlich wurden all diese Ziele in einen Slogan gepresst, nach dem zu arbeiten und den zu bewundern ich als Praktikant bei Mercedes-Benz gelernt hatte: *NUR DAS BESTE*. Dieser Slogan hat viele Bedeutungen – nur die beste Arbeit, nur die besten Kunden, nur die besten Strategien und nur die beste Umsetzung. Wenn man der Beste sein will, kann man nicht dogmatisch sein – man muss arbeiten, um zu gewinnen. Wenn etwas gut läuft, versucht man, noch besser darin zu werden; wenn etwas schiefläuft, lernt man daraus und macht weiter.

Die vier frog-Grundsätze

Vor etwa 40 Jahren hielt ich diese vier Ziele fest, und sie sind auch heute noch ein wichtiger Leitfaden für frog:

1. Finde deinen optimalen Bereich.
Um die beste Wettkampf-Arena zu finden, hielt ich Ausschau nach dem einen Design-Bereich, in dem ich gut war und andere nicht – und das war der Bereich des elektronischen Technologie-Designs. Dank meines Elektrotechnikstudiums an der TU Stuttgart kannte ich die Vorgaben und Prozesse der elektronischen Technologie besser als andere Designer, und ich verstand die Komplexität ihres Designs, ihrer Produktion und ihres Supports. (Ich respektierte außerdem Gemein-schaftsprozesse und die finanzielle Ausgewogenheit zwischen Investitionen, Kosten und Renditen.) Dieser Bereich reizte mich sehr, weil ich ehrgeizig und erfinderisch war. Es machte mir Spaß, das Establishment aufzurütteln, indem ich es mit den besseren, weil revolutionierenden Lösungen konfrontierte.

2. Sei unternehmensorientiert und erbringe großartige Arbeit für deine Kunden – und für dein eigenes Unternehmen.
Dies klingt nach einem einfachen Konzept, aber es ist eine der schwierigsten Herausforderungen für viele im Bereich Design. Bei frog war deshalb ein wichtiger Baustein, entsprechend den wirtschaftlichen Bedürfnissen unseres Kunden zu arbeiten. Eine weitere große Herausforderung bestand darin, unsere Ar-beit so professionell wie möglich zu promoten – einschließlich des Aufbaus einer starken Marke. Ich glaube, dass frog die ers-te Design-Agentur mit einer weltweiten Werbekampagne in Fachzeitschriften war.

3. Halte Ausschau nach »hungrigen« Kunden, die hoch hinaus wollen.
Alles hängt von der Partnerschaft mit großartigen Kunden ab. Bei frog legte ich den Schwerpunkt auf ehrgeizige, weltweit tätige Unternehmen mit einem enormen Wachstums-Potenzial

im Bereich Technologie, die die Weltbesten waren oder werden wollten – und den emotionalen Ehrgeiz sowie die finanziellen Mittel dazu hatten.

Wir bei frog konnten, indem wir dieses Prinzip verfolgten, große Erfolge mit Unternehmen wie Sony, Apple, Microsoft und SAP verzeichnen.

4. Werde berühmt – indem du immer der Beste bist.
Ich musste mir diesen etwas arroganten Grundsatz als Ziel setzen – anderenfalls hätte ich es niemals geschafft. Ich wollte im Alter von 35 Jahren weltberühmt sein und hatte das Glück, dieses Ziel zu erreichen – zumindest in meinem Beruf. Aber im Laufe dieses Prozesses lernte ich, allen, die an diesem Erfolg teilhatten, entsprechend dankbar zu sein, und dass ich meinen renommierten Ruf kontinuierlich durch gute und harte Arbeit bestätigen musste. Wir alle bei frog erinnern uns an die Lektionen, die wir durch Anwendung dieses Grundsatzes bei unserer täglichen Arbeit gelernt haben, und befolgen sie.

Ich wendete all diese Konzepte 1972 an, als ich einen der ersten großen Vertragsabschlüsse von frog mit KaVo (Kaltenbach + Voigt, heute im Besitz von Danaher/USA) landete, einem Dentalunternehmen in privater Hand, das die dentale Turbine in ein industriell herstellbares Produkt umgesetzt hatte. Als ich den Leiter der Abteilung Forschung und Entwicklung, Martin Saupe, zum ersten Mal traf, führte er mich durch die Konstruktionsabteilungen und die äußerst eindrucksvolle Werkshalle des Unternehmens. Ich erkannte sofort, dass KaVo's F & E-Gruppe nicht die Produkte konstruierte, die ihren Möglichkeiten entsprachen. Ich dachte sofort: »Hier bietet sich eine taktische Möglichkeit.« Ich war gebeten worden, innerhalb einer Woche ein Angebot für eine neue Leuchte für eines ihrer bereits vorhandenen Zahnarzt-Behandlungssysteme zu erstellen, aber ich erkannte, dass wir uns etwas Größeres vornehmen konnten und sollten. Wie sich später herausstellte, änderte dieses Projekt sowohl das Leben von KaVo als auch das Leben von frog.

Als ich die Projektarbeit aufnahm, wusste ich, dass nur die beste Arbeit gut genug sein würde. Meine Partner Andreas, Georg und ich hatten nur eine Woche Vorbereitungszeit für unsere Angebotspräsentation, und die nächsten sieben Tage arbeiteten wir drei rund um die Uhr, um ein Konzept für ein völlig neues dentales System, das sowohl dentale Einrichtungen als auch dentale Instrumente umfasste, zu entwerfen. Das Design beinhaltete bessere ergonomische Eigenschaften als auf dem Markt verfügbar waren und innovative hygienische Materialien und modernste technische Produktspezifikationen. Wir bauten Modelle der Schlüsselelemente wie beispielsweise den Behandlungs-Modul im Maßstab 1:1. Außerdem bauten wir ein Modell des gesamten Systems im Maßstab 1:10, dem wir den letzten Schliff gaben, damit wir schöne Fotos für unsere Präsentation machen konnten. In der Nacht vor der Angebotspräsentation fiel ich um ein Uhr morgens ins Bett. Vier Stunden später, nachdem Andreas und Georg die Filme entwickelt, die Dias gerahmt und die Modelle verpackt hatten, weckten sie mich. Als ich mich dann auf den Weg zur Sitzung machte, schliefen die beiden schon.

Als ich Martin Saupe unsere Modelle vorführte und ihm das neue System erläuterte, war er begeistert. Ich war mir sicher, dass unsere harte Arbeit sich gelohnt hatte. Aber es gab ein Problem – und zwar ein großes. Nachdem Martin mir zu der Qualität meiner Angebotspräsentation gratuliert hatte, bat er mich, einen Blick in einen Schrank in seinem Büro zu werfen. Darin sah ich etwa 20 Modelle im kleinen Maßstab von anderen Design-Agenturen, die auf den Regalen vermoderten wie Grabsteine auf einem Kreativ-Friedhof. Martin Saupe verstand ganz offensichtlich die radikale Abkehr unseres Entwurfs von allem bereits Dagewesenen nicht und teilte mir mit, dass er mehr Zeit brauche, um darüber nachzudenken, was bedeutete, dass das Projekt tot war.

»Nur das Beste«, dachte ich. In meinem Bemühen, unsere Angebotspräsentation zu retten und unsere einwöchige Arbeit nicht in die Tonne treten zu müssen, bat ich Martin Saupe, mich mit dem verantwortlichen Entscheider bei KaVo sprechen zu lassen. Nach einigem Hin und Her erklärte er sich einverstanden, den Firmeninhaber und Geschäftsführer Kurt Kaltenbach und seinen Finanzdirektor anzurufen, die gerade eine Etage höher in einer Besprechung waren. Ich konnte schon am Telefon erkennen, dass sie einem Treffen mit uns ablehnend gegenüberstanden, aber Martin – vielleicht durch meine Hartnäckigkeit beflügelt – führte ein gutes Verkaufsgespräch, und schon ging es hinauf zur obersten »Befehlsebene«.

Im Besprechungsraum angekommen, baute ich sofort meinen Projektor auf, ließ die Modelle aber in meiner Kiste. Dann begann ich zu erläutern, wie KaVo seine Strategie eines Dentalherstellers durch unser System, das ganzheitliche Behandlungslösungen verkauft, die eine gesündere Arbeitsumgebung für den Zahnarzt bieten und dem Patienten den Zahnarztbesuch erträglicher machen, optimieren könnte. Während ich sprach, projizierte ich die Bilder des neuen Systems, das wir später Estetica nannten, auf die Leinwand – sie sahen großartig aus. Aber ich hielt den Fokus meines Vortrags ganz gezielt auf der Beschreibung der neuen Strategie, die die KaVo zusammen mit dem neuen Projekt verfolgen könnte (mehr über dieses Projekt und die Bündelung zukünftiger strategischer Ziele im Innovationsprozess erfahren Sie in Kapitel 4).

Am Ende der Präsentation sagte Kurt Kaltenbach: »Genau darauf habe ich mein ganzes Leben gewartet!« Wir unterzeichneten an Ort und Stelle einen Vertrag und die Geschäftsbeziehung mit frog hielt über 30 Jahre, bis Danaher/USA die KaVo im Jahr 2003 kaufte.

Den KaVo-Vertrag zu bekommen, war für frog ein großer Sieg, aber wie Sie sehen, wäre ein Sieg nicht möglich gewesen, wenn ich nicht an frog's strategischen Zielen und am »Nur das Beste«-Prinzip festgehalten hätte. Damit trat ich gleichzeitig für eine radikalere und bessere Lösung ein als diejenige, die die KaVo ursprünglich von uns verlangt hatte, und erhielt schließlich die Chance, meine Ideen überzeugend vor den Top-Entscheidungsträgern im Unternehmen präsentieren zu können.

Ein striktes Festhalten an ehernen Grundsätzen und der leidenschaftliche Wunsch, mit Integrität zu punkten, machen es uns tatsächlich leichter, in unserem Erfolgsstreben flexibler und pragmatischer zu sein, weil sich die Motive für unsere Bemühungen damit selbst erklären.

Über die Jahre und mit anderen Kunden haben wir subtile Strategien entwickelt und passen unsere taktischen Lösungen ständig an. Ich habe beispielsweise gelernt, dass eine rasche und mühelose Akzeptanz manchmal ein schlechtes Zeichen für ein kreatives Projekt bedeuten kann. Alles wirklich Neue muss heftigen emotionalen Widerstand aushalten und überwinden können – und das ist ein langer Prozess, der mehr Verständnis und Engagement erfordert als bei einer Entscheidung im Schnellschussverfahren möglich ist. Und weil nicht alle meine Kunden mit mir kompatibel sind, wurde frog zu einer Design-Agentur aus Persönlichkeiten, die unseren Kunden zahlreiche gute Angebote für die Gestaltung einer kreativen und kooperativen Partnerschaft zur Auswahl stellen. Aber all diese Persönlichkeiten werden von ein- und derselben strategischen Vision geleitet – die auf Grundsätzen beruht, die frog geholfen haben, nur die besten Leute, Kunden und Mitarbeiter gleichermaßen, zu gewinnen.

Anpassen, um zu gewinnen

Bei frog versuchen wir, kontinuierlich zu lernen und zu experimentieren. Meine Frau und Geschäftspartnerin Patricia und ich bezeichnen diese Strategie als »Outside-In« (Anm. d. Übers.: etwa: »Von außen nach innen«) – die Idee, dass wir erfolgreich sein können, indem wir das schaffen, was unsere Kunden am dringendsten brauchen, anstatt nur zu versuchen, unsere eigenen Erfolge aus der Vergangenheit zu reproduzieren. Veränderung ist die einzige Konstante im Unternehmen (positive Veränderung, so hoffen wir), und das bedeutet, dass frog für seine Konkurrenten ein »bewegliches Ziel« ist. Wir wissen, dass wir zur Anpassung fähig sein sollten, um zu gewinnen.

Weil unser Unternehmen zu dieser Anpassung bereit ist, gedeiht frog glücklich und zufrieden an der Grenze zwischen Kunst und Kommerz. Für all diejenigen, die mit widersprüchlichen Vorstellungen von Design in einem Unternehmensmodell zu kämpfen haben, folgt hier eine Zauberformel, mit deren Hilfe sich der Konflikt vielleicht lösen lässt – eine Formel, die nach 40 Jahren immer noch frogs größtes strategisches Kapital ist:

KULTUR + PROZESS = GEWINN!

Ein fundiertes Verständnis und eine hohe Wertschätzung der kulturellen Werte ist wesentlich für die Formulierung und Gestaltung einer jeden kreativen Strategie, aber das Gleiche gilt für das Verstehen des Prozesses. Prozessorientierte und menschliche Kooperation ist der Maßstab. Er hilft Organisationen, flexibel zu bleiben und neue Entwicklungen, Ansprüche und Gelegenheiten zu ergreifen, damit Organisationen wachsen und neue Gebiete ohne Qualitäts- oder Finanzperformance-Einbußen erforschen können. Die Prozessorientierung ermöglicht den Unternehmen außerdem, Ziele zu definieren – und zu erreichen. Natürlich lässt diese Art von anpassungsfähiger Strategie keinen Raum für Egomanen, Zyniker oder Primadonnen, eine einfache Einschränkung, die selbst den kreativsten Berater auf dem Boden der banalen Wirklichkeit des täglichen Geschäftslebens hält.

Als ich 1969 frog als Industriedesigner gründete, lag mein Fokus auf einer gut gestalteten Technologie. Es war damals eine verhältnismäßig neue Idee, und ich konnte sie nur aufgrund meiner persönlichen Motivation und Ausbildung entwickeln. 1974, als ich begann, mit Sony zusammenzuarbeiten – damals das beste Consumer-Technology-Unternehmen der Welt – war mein allerwichtigstes Anliegen, eine außerordentliche Technologieleistung in eine weltweit akzeptierte und bewunderte Markenaussage zu verwandeln (»It's a Sony«). Mit anderen Worten, Design wurde zu einem Mittel, das es meinen Kunden ermöglichte, ein größeres Ziel zu erreichen.

1975 wandte ich das, was ich bei Sony gelernt hatte, auf mein eigenes Unternehmen an, indem ich frog ein gutes Stück weg vom reinen Industriedesign führte. Wäre frog allein im Industriedesign verwurzelt geblieben, wären wir letztlich als »Design Boutique« geendet – ein Raum, der für so genannte Design-Stars funktioniert, aber nicht für Unternehmensdesigner, die Skalierbarkeit zum Ziel haben. Wir wären in unserer Fähigkeit, ständig neue Möglichkeiten zu erforschen – mit anderen Worten, »dem Geld zu folgen« – sehr eingeschränkt gewesen. Dasselbe Konzept der Anpassung ermöglichte es frog, sich 1982 erneut zu verändern, als wir Apple als Kunden gewannen und in der Lage waren, Know-how in die Beziehung einzubringen, das wir bei Sony im Hinblick auf Outsourcing und Kooperationen mit Partnern in Asien erworben hatten (mehr über diese Erfahrung lesen Sie in Kapitel 4).

Mit diesem Schritt brachte sich frog in die richtige Position für eine noch erfolgreichere Zusammenarbeit. Als wir den Aufstieg der analog-digitalen Konvergenz sahen, erweiterten wir unseren Design-Prozess um den digitalen Bereich. Mitte der 1990er-Jahre war frog ein Pionier im Benutzeroberflächen-Design. Wir arbeiteten mit Microsoft an der Entwicklung von Windows XP, mit SAP an R/3 und Web Weaver, mit Sprint-Nextel an seiner mobilen Benutzer-Schnittstelle, mit Qualcomm an der BREW-Plattform und mit vielen anderen Technologieunternehmen, die ihre Programmgesteuerten Software-Labyrinthe zu einem effizienten und angenehmen Anwendererlebnis machen mussten. Seit 1998 beherrschen wir die ausgelagerten Product Lifecycle Management (PLM)- und Supply Chain Management (SCM)-Prozesse.

Nachdem frog auf die harte Tour aus einigen Beinahe-Unfällen bei seinen eigenen Produktvorhaben gelernt hatte (siehe den nächsten Abschnitt in diesem Kapitel), konnten wir einige sehr überzeugende und hochprofitable Erfolge mit Disney's Unterhaltungselektronikabteilung erzielen. Bei diesem Vorhaben wandten wir uns unmittelbar an die »Big Box«-Einzelhändler wie zum Beispiel Target, Best Buy und Circuit City, um herauszufinden, welche Art von Disney-Markenprodukten sie führen wollten. Infolge unserer Zusammenarbeit mit Disney, den Einzelhändlern und den ODMs entwarfen wir dann bestimmte Produkte, die ein authentisches Disney-Aussehen und -Gefühl vermittelten. Durch unseren Verzicht auf »Zwischenhändler« konnten wir die Produkte zu niedrigen Preisen anbieten und dennoch gesunde Gewinnmargen aufrechterhalten. Und wir mussten unsere Zeit und unser Geld nicht dafür verwenden, unsere Produkte an Einzelhändler zu verkaufen – schließlich hatten wir genau das geschaffen, worum sie gebeten hatten. Während einer dreijährigen exklusiven Design-Partnerschaft mit Disney halfen wir bei der Gestaltung und Lieferung einer Palette von erfolgreichen Disney-Unterhaltungselektronikprodukten, z. B. Disney PC, TV, DVD-Spieler und dem Micky Karaoke-Mikrofon-System mit eingebauten Songs, die vom äußeren Hardware-Design bis hin zur digitalen Anwender-Schnittstelle konsequent das Wesen der Marke Disney umfasste.

frog's Beziehung mit Disney hatte tatsächlich schon Mitte der 1990er-Jahre begonnen, als wir Disney bei der Entwicklung und

Umsetzung seiner eigenen Unternehmensstrategie durch Neugestaltung der Disney-Kreuzfahrtgesellschaft assistiert hatten. Damals wollte Disney die Besuchsdauer von Familien in den Disney-Resorts verlängern und benötigte demzufolge ein Kreuzfahrtschiff, das Familienmitglieder jeden Alters ansprach. Bei unserem ersten Treffen bat mich Mike Reininger, damaliger Vizepräsident für Produktentwicklung bei Disney, »weniger über die maritime Architektur und mehr über das Verpackungsdesign nachzudenken«. Wir machten uns mit der großartigen Unterstützung von John Heminway, der »Universalberater« war, an die Arbeit und begannen, einen klassischen Ozeanriesen – damals eine praktisch ausgestorbene Art – nach den Vorstellungen von Eltern und Kindern umzugestalten. Wir analysierten die Gestalt der historischen Normandy, einem französischen Kreuzfahrtschiff mit eleganten Proportionen und terrassenförmig abfallendem Heck. Dann projizierten wir uns selbst in die Zukunft und schauten auf Star Trek's fiktives Raumschiff Enterprise und innovative futuristische Flugzeuge. Wir führten Studien mit Menschen aller Altersstufen durch und wir sprachen mit den Profis – Offiziere und Seemänner, die ein »echtes Schiff« haben wollten. Wir stimmten die klassischen maritimen Farben mit Disney's eigenem schwarz-rot-gold-und-weißem Label ab, und entwarfen die Brücke wie einen Diamanten. Als unsere Untersuchungen ergaben, dass Kinder sich mehr als einen Schornstein wünschen (der aus technischer Sicht für das Schiff vollkommen ausreichend ist), entwarfen wir für vorne noch einen Schornstein, der rein zu Dekorationszwecken diente (ganz oben mit einem Café und einer fantastischen Aussicht). Endlich, als wir alles zusammen hatten, war unser Design eine tolle Mischung aus historischer Eleganz und futuristischer Inspiration – und es entsprach Mike Reiningers strategischen Zielen aus der Anfangszeit. Um die »Disney Magic« zu beschreiben – unser erstes Schiff, dem nur wenige Monate später die beinahe identische »Disney Wonder« folgen sollte –, prägte ich den Begriff »retro-futuristisch«, ein Look, der tatsächlich auch in anderen Wirtschaftsbereichen das Design von Automobilen bis hin zu Elektronik und Mode weltweit beeinflussen sollte.

Während all seiner strategisch-kreativen Beziehungen hat frog nie aufgehört, sich immer wieder neu anzupassen und auszurichten. Durch Vorteile und Herausforderungen früherer Entscheidungen entwickelte frog 2004 eine strategische Beratungspraxis, mit der wir unseren Kunden ermöglichten, eine Reihe von Strategien für potenzielle Produkte mittels realitätsgetreuer Simulationen zu testen und zu visualisieren. Im Jahr 2005 konnte frog mit Unterstützung unserer neuen Muttergesellschaft, Flextronics Inc. (einem internationalen ECM – Electronic Contract Manufacturer –, der im Jahr 2004 die Mehrheit an frog erwarb), sein Fachwissen in der vertikalen Integration von Konvergenzprodukten, die Software und Hardware kombinieren, besonders im medizinischen Bereich, noch weiter ausbauen.

Heute hat frog einen neuen »optimalen Bereich« zwischen den bewährten Unternehmensberatungsdienstleistungen auf höchster Ebene, die von größeren Unternehmen wie McKinsey oder BCG erbracht werden, und der eher traditionellen Praxis von »Design durch Briefing« gefunden, die nach wie vor den Löwenanteil des Geschäfts der meisten anderen größeren Design-Agenturen ausmacht. frog's Kunden erkennen den Wert dieses neuen Angebots, wie unser Umsatzwachstum zeigt.

Ich bezeichne frog's Nische als »frog space«, weil unser Unternehmen wirklich in seinem ganz eigenen Bereich tätig ist. Unsere Anpassungsfähigkeit und unser tiefes Verständnis von Prozessen und Unternehmenskultur versetzt uns in die Lage, kreativ-strategische Lösungen in verschiedenen Bereichen wie zum Beispiel Design, Konstruktion, Consulting oder Innovation anzubieten. Obwohl Veränderung für frog die einzige Konstante bleibt, verlassen wir den Bereich Design und Consulting nicht. Tatsächlich dient er als Fundament unserer Arbeit, bei der Entwicklung von Pre-PLM-Hardware und Software. Wir können unseren Kunden zu einem Bruchteil der wirklichen F&E-Investitionen verhelfen, indem wir strategischen Rat anbieten und unsere Entdeckungen vor dem Hintergrund realistischer Szenarien, unter anderem Technologie, Wettbewerb, soziales und kulturelles Verhalten und Nachhaltigkeit, prüfen.

Die interne Herausforderung für frog im fortwährenden Prozess strategischer Anpassungsfähigkeit ist dieselbe wie für andere Innovations-gesteuerte Unternehmen: die Kluft zwischen der abstrakteren Begeisterung für eine Unternehmensstrategie und der sinnlichen Leidenschaft der Designer für Individualität und Originalität zu managen. Da sich Unternehmen neuen Marktgegebenheiten und -gelegenheiten anpassen müssen, müssen Strategieführung und Design dazu beitragen. Idealerweise locken und führen innovative Unternehmen hybride Talente, die beides können. Realistischerweise liegt die Lösung für jede erfolgreiche Anpassung im Aufbau von Teamwork und in der Kultivierung der »rechten« und »linken« Gehirnhälfte von Unternehmen.

Aus Dingen lernen, die nicht funktionieren

Ich kann ehrlich sagen, dass frog's unglaublicher Erfolg nach 2001 in der Entwicklung von Software, physischen Produkten und digital definierten Verbrauchererlebnissen nicht möglich gewesen wäre, wenn wir nicht das durchgemacht hätten, was viele als abgrundtiefe Niederlage betrachtet haben. Bei frog sind wir stolz auf konstantes Lernen, konstante Anpassung, konstante Ausdehnung der Grenzen dessen, was wir zuvor für möglich gehalten hätten. Aber keine Organisation, die Innovation als entscheidende Kraft akzeptiert, kann einem gelegentlichen Fehltritt entgehen. Glücklicherweise lernen wir manchmal das meiste – und ergreifen die wichtigsten Gelegenheiten –, wenn wir stolpern.

Ende der 1990er-Jahre war die Nachfrage nach frog's intellektuellem Kapital hoch. Im Laufe der vorhergehenden Jahrzehnte waren wir unglaublich erfolgreiche kooperative Partnerschaften mit einigen der weltweit innovativsten Unternehmen, darunter Apple, Sony und Samsung, eingegangen. Als unsere Erfolge öffentliche Aufmerksamkeit erregten, versuchten andere Unternehmen, unseren Umgang mit dem Innovationsprozess nachzuahmen. Während unserer Zusammenarbeit mit SAP im Jahr 1999 fragte Howard Lau, damaliger Direktor des SAP-Wagniskapitalfonds, ob wir frog's Prozesswissen in eine Software-Anwendung skalieren könnten. Seine eigentliche Frage zielte also darauf ab, ob wir frog-Design in ein Software-Programm pressen und einschweißen könnten.

Die Vorstellung war reizvoll. Die Dotcom-Blase dehnte sich immer noch aus und Risikokapitalgeber warfen mit Geld um sich wie mit frisch gefallenem Schnee, besonders im Bereich »kreative

Kooperation«. Als wir in Erwägung zogen, dass frog mit einem kooperativen kommerziellen Software-Produkt nebenbei ein selbstständiges Internet-Software-Unternehmen werden könnte, beschlossen wir, den Versuch zu wagen. Gleichzeitig war frog zwar weltweit führend im Benutzeroberflächen-Design, hatte aber nur geringe Programmierkenntnisse. Um diese Fertigkeiten in den Entwicklungsprozess einzubringen, erwarben wir die kleine Programmieragentur Gravity in San Francisco, während wir gleichzeitig ein neues Forschungs- und Entwicklungsteam in Herzliya, Israel, gründeten.

In der Tat koordinierten wir eine Vielzahl ganz unterschiedlicher Teams über ein ganzes Unternehmen hinweg – ein Prozess, der von frog's Stärke als Kooperationspartner profitierte. Jahrelang hatten wir bei frog unseren Kunden gesagt, dass ein Unternehmen alle Beziehungen – innerhalb und außerhalb des Unternehmens – als langfristige, auf Kooperation basierende Erfahrungen betrachten muss, damit es Erfolg haben kann. Häufig konnte man allerdings die Kooperation und Kommunikation zwischen unseren Teams bestenfalls als angespannt bezeichnen. Zu anderen Zeiten war sie nicht-existent. Und dann stellten wir auch noch fest, dass einige Unternehmen, die an unserem Projekt beteiligt waren, die Entwicklung an weit entfernte Partner und Verkäufer auslagerten. Wir mussten uns mehr als uns lieb war mit diesen Problemen beschäftigen, um unser Projekt auf Kurs zu halten.

In der Zwischenzeit hatten wir begonnen, auf die größeren Ziele für unser Software-Produkt hinzuarbeiten. Eine der wichtigsten Herausforderungen in jedem Unternehmen ist das Fördern einer offenen Zusammenarbeit mit ehrlicher und zeitgemäßer Kommunikation. Um den Entwicklungsprozess effektiver zu gestalten (sowohl innerhalb als auch zwischen den einzelnen Abteilungen), wollten wir in unser Programm eine digital zugängliche Datenbank (ein so genanntes database warehouse) einarbeiten, in der verschiedene Abteilungen Produktdaten leicht speichern und damit leichten Zugriff auf Ideen und Prozessmodelle etc. haben sollten. Mit der Zeit würden diese Daten ein kollektives »Firmengedächtnis« oder, besser noch, ein »kreatives kooperatives Gehirn«. Wir nannten unser neues Produkt »Bizwerk«.

Im Bizwerk entwickelten wir »smarte Dokumente«, die wichtige Daten über verschiedene unternehmensinterne Abteilungen hinweg verknüpfen konnten. Wenn beispielsweise ein Produkt-Marketing-Team finanzielle Mittel benötigte, um ein Produkt zu entwickeln, konnte die Bizwerk-Software automatisch den Antrag auf Finanzierung durch Aktualisierung der betreffenden Dokumente in der Archivierungsdatenbank der Finanzabteilung stellen. Gleichzeitig half Bizwerk der Finanzabteilung mit der Schätzung und Planung der damit verbundenen Kosten in der Konstruktions- und über andere Abteilungen innerhalb des Unternehmens hinweg, die im Laufe der Zeit an dem Projekt beteiligt sein würden.

Normalerweise werden diese Informationen innerhalb eines Unternehmens geheim gehalten, aber wenn Abteilungen Informationen vor dem restlichen Unternehmen sichern, können politische Grabenkämpfe ausbrechen und die Effizienz und Wettbewerbsfähigkeit der gesamten Organisation verlangsamen. Da sie diese Art unproduktiven Sumpf bereits erlebt hatten, liebten die CEOs, CFOs und die Abteilungsvizepräsidenten der Unternehmen, bei denen wir das Bizwerk-Konzept in Workshops vorstellten, unsere Idee. Sie wollten Bizwerk als Werkzeug für Transparenz und bessere Ergebnisse im Markt nutzen. Sogar Ingenieure und Verkäufer reagierten positiv auf unsere Software, nachdem wir bei ihnen einige Testläufe durchgeführt hatten.

Letzten Endes jedoch stießen wir auf Widerstand, und in den meisten Fällen kam er in Form der IT-Abteilung eines Unternehmens daher. Normalerweise werden IT-Kaufentscheider damit belohnt, dass Katastrophen verhindert werden, nicht unbedingt Erfolge möglich gemacht werden. Die IT-Verantwortlichen suchen also nach Anwendungen, die viele Menschen mit durchschnittlichem Talent nutzen können, und nicht nach ausgeklügelten Produkten, die es hochtalentierten Menschen im Unternehmen ermöglichen noch besser zu arbeiten. In dieser Umgebung werden IT-Kaufentscheider ultra-konservativ bis paranoid. Bizwerk war für sie zu riskant. Und wie ich schon gesagt habe, siegt Risikovermeidung leider viel zu oft über den Erfolgswillen des Unternehmens.

Nach einer Reihe von erfolglosen Angebotspräsentationen bei US-amerikanischen Unternehmen richteten wir unseren Blick auf SAP, das Unternehmen, das uns als erstes inspiriert hatte, unsere

Kooperationssoftware zu entwickeln. Anfang 2001 flog ich mit vier Führungsmitgliedern unseres Bizwerk-Teams zu SAP nach Walldorf zwecks Besprechung einer »strategischen Allianz«. Die Besprechung begann sehr freundschaftlich – endete aber im absoluten Gegenteil.

Zuerst zeigte uns SAP eine dort eingesetzte Kooperations-Software, und uns war sofort klar, dass sie etwas Neues brauchten. Ihr aktuelles Set-up war so etwas wie eine Thin-Client-Website/technical worksheet-Hybrid mit einer hineingeworfenen E-Mail-Komponente. Die Software war nicht nur bedeutungslos für alle Designprozesse, die das Unternehmen verfolgen müsste, sondern sie unterstützte auch wirklich keine andere wesentliche Unternehmensfunktion. Es war absolut furchtbar.

Als wir ihnen Bizwerk vorgestellt hatten, war das SAP-Team total begeistert. Nach vier Tagen Zusammenarbeit mit SAP lag ein Vertrag vor, der bis ins kleinste Detail unseres Produktdesigns, der Features und Fähigkeiten ausgehandelt war. Alle waren bereit zur Unterzeichnung – alle, das heißt außer Achim Heimann, Leiter der SAP-PLM-Gruppe. In letzter Minute verwarf Heimann Bizwerk plötzlich als unpraktisch und undurchführbar. Er kritisierte mehrere Aspekte unseres Produktes, unter anderem seine »Fat-Client«-Informations-Architektur. Der Vertrag kam auf den Müll, und wir kehrten verwirrt und frustriert über unseren abrupten Rausschmiss bei SAP aus Deutschland zurück.

Wir konnten über die Gründe für SAP's plötzlichen Kurswechsel nur spekulieren, aber es setzte frog's Bizwerk ein Ende. Wir hatten keine Energie mehr, und nach einer Investition von etwa sechs Millionen Dollar hatten wir auch kein Geld mehr. Um frog zu retten, mussten wir die Notbremse ziehen, mit unserem Frust fertig werden und einen Weg aus der finanziellen Krise finden.

Dennoch war Bizwerk letzten Endes keineswegs eine Pleite. In der Tat führten uns die Lektionen, die frog auf dieser speziellen Reise lernte, zu unserem nachhaltigsten Erfolg. Indem wir so tief in die inneren Funktionsweisen und Verfahrensweisen von Unternehmen eindrangen, sahen wir die antagonistische Beziehung zwischen strategischer Kreativität und taktischem Supply Chain Management aus erster Hand. Wichtiger noch, wir entdeckten, wie man diese Beziehung viel produktiver gestalten konnte. Infolgedessen war frog in eine einzigartige Lage versetzt worden. Wir wussten, wie man das Anfangsstadium des Innovations- und Produktentwicklungsprozesses (einschließlich des Austausches von Konzepten und Ideen in der Anfangsphase) mit jedem beliebigen globalen Multi-Milliarden-Dollar-Produktionssystem kombiniert. Damals belegte frog dieses Know-how mit Beschlag – niemand anderer in Unternehmensberatung oder Herstellung konnte uns auf diesem Gebiet das Wasser reichen.

frog's anschließender Erfolg in der Entwicklung von Software, physischen Produkten und digital definierten Verbrauchererlebnissen wäre ohne die Erfahrung mit Bizwerk nicht möglich gewesen. Und obwohl wir Markeneigentum und Kontrolle als wichtig erachten, glauben wir mittlerweile, dass wir unser Beratungsunternehmen zu sehr eingeschränkt, vielleicht sogar getötet hätten, wenn wir die Marke frog dazu benutzt hätten, unsere eigenen Produkte herzustellen. Kurz gesagt, Bizwerk war eine emotionale und wirtschaftliche Pleite, die zur Entstehung von frog's letztendlichem Wettbewerbsvorteil geführt hat. Damit ist diese Geschichte ein perfektes Beispiel für die unschätzbaren Lehren, die uns Dinge vermitteln können, die einfach nicht funktionieren.

Ausgestaltung der ultimativen Strategie – mit dem richtigen kreativen Partner

Nicht alle Designer haben dieselben Ziele, und das ist gut so. Teil meiner Intention dieses Buches ist zu zeigen, wie Design mit strategischen Zielen und taktischer Umsetzung kombiniert werden kann, um ein machtvolleres und bedeutungsvolleres Werkzeug für Unternehmen zu schaffen. Trotzdem kann Design an sich auch ohne Strategie existieren. In der Tat besteht ein direkter Zusammenhang zwischen der Stärke der Verbindung zwischen Design und Strategie und der betreffenden Design-Schule. Um den potenziellen Einfluss des Designs auf die Unternehmensstrategie voll und ganz erfassen zu können, muss man die vier Design-Schulen – und die Arten von Designern –, mit denen eine Organisation möglicherweise arbeitet, verstehen.

Die erste Schule wird von »klassischen Designern« wie meinen guten Freunden Dieter Rams und Kenji Ekuan, dem inzwischen leider verstorbenen Ettore Sottsass Jr., Mario Bellini und Jonathan Ives vertreten. Diese Designer haben ihre eigenen Studios oder sind Stardesigner für bestimmte Unternehmen. Vor zehn oder fünfzehn Jahren hätte ich mich ebenfalls zu dieser Gruppe gezählt. Der Design-Ansatz dieser Schule ist sowohl logisch als auch aus dem Bauch heraus. Mit anderen Worten, alle Designer dieser Schule schaffen individualistisch-künstlerische Aussagen, die in ihrer Ansprache eine Balance zwischen Herz und Verstand schaffen. Diese Design-Schule verfolgt das größere Ziel, Produkte bedienungsfreundlicher, unterhaltsamer und sicherer zu gestalten.

Die zweite Design-Schule wird von »künstlerischen Designern« vertreten, die auf Gefühle und intuitive Methoden bei der Kreation ihrer Produkte vertrauen, die visuell einen unglaublichen Reiz haben. Diese Gruppe umfasst Designer wie Philippe Starck, Karim Rashid und Ross Lovegrove – ein Mann, der vor vielen Jahren frog-Mitarbeiter Nummer 18 war und immer noch ein guter Freund von mir ist. (Er ist mir immer noch dankbar, dass ich ihn ermutigte, das zu entwerfen, was wir im Spaß als seinen »italienischen Mist« bezeichneten.) Dieser Ansatz spricht einen Großteil der populären Medien an, ist aber häufig für große Organisationen mit Interesse an Skalierbarkeit ungeeignet. Die Arbeit der künstlerischen Designer lässt sich häufig nicht leicht replizieren und kann nur selten in Branchen mit komplexen Anforderungen an Bedienungsfreundlichkeit, Technologie und Logistik (z. B. Software oder Consumer Technology) angewendet werden. Trotzdem inspirieren diese Designer die Welt in großem Maße, und ihre Arbeit bietet den prototypischen Ansatz, den andere nutzen können, um derivative Produkte zu erschaffen, die ein niedrigeres Niveau an technischer Komplexität erfordern.

Die dritte Schule – und dazu zählt die Mehrzahl der heute tätigen Designer – besteht aus denjenigen, die anonym in Corporate Design-Abteilungen arbeiten. Manche Unternehmen setzen ihre internen Design-Teams sehr effektiv ein. Olivetti lieferte vor etwa 45 Jahren ein großartiges Beispiel, als das Unternehmen die Zusammenarbeit von internen Designern wie Hans von Klier und Beratern von außen, darunter Mario Bellini und Ettore Sottsass, arrangierte. Die Ergebnisse waren verblüffend und führten zu Produkten, die uns bis heute inspirieren. Häufiger jedoch fallen Corporate Design-Abteilungen einer mangelnden Strategie und Identifikation innerhalb des Unternehmens zum Opfer. Diese Geschichten haben traurige Berühmtheit erlangt: Unternehmensinterne Designer werden oft falsch gemanagt und zu wenig anerkannt. Sie arbeiten in Organisationen, die keine einheitliche Herangehensweise an die Integration von Design in ihre strategischen Pläne oder Prozesse haben, und sie sind Managern im Marketing oder in der Konstruktion unterstellt, die nur minimales Verständnis für das Potenzial von Design haben.

Microsoft's Zune MP3-Projekt ist ein gutes Beispiel dafür, was geschehen kann, wenn Manager für einen strategischen Design-Prozess verantwortlich sind, den sie nicht verstehen. Wir alle wissen, dass Microsoft als Software-Unternehmen weltweit führend ist, aber es verfügt über weitaus weniger Prozess- und Unternehmenserfahrung, was konvergente Hardware angeht. Vom unternehmerischen Standpunkt aus hätte das Unternehmen mit Zune eine machtvolle neue Strategie erarbeiten können. Microsoft hätte ein strategisch-kreatives Beratungsunternehmen wie frog mit Kompetenzen in den vertikalen Hardware- und Software-Supply Chains beauftragen können, um zusammen mit internen Designern ein einzigartig neues Produkt zu schaffen –, ein Erfolg, der dem von Apple's iPod in nichts nachgestanden hätte. Stattdessen entschieden sich die Manager, Toshiba anzuheuern, um die Zune Hardware zu entwickeln. Infolgedessen handelte es sich schließlich um ein optisch modifiziertes Toshiba-Produkt mit begrenzten Online-Fähigkeiten. Zune hat null »Microsoft-DNA« und nach allem, was man hört, nur mittelmäßigen Erfolg. Und bedenken Sie, Microsoft ist ein Unternehmen mit 40 Milliarden Dollar Cash und einem Marktanteil von 90 Prozent mit Windows/Vista. Es gibt wirklich keine Entschuldigung für die Entscheidung des Unternehmens, bei der Entwicklung dieser potenziell wichtigen Produktlinie zu geizen.

Und damit kommen wir zur vierten Design-Schule, die aus höchst kreativen, strategischen Designern besteht, die, sowohl was konvergente Technologien als auch soziale und ökologische Bedürfnisse sowie Unternehmen betrifft, zuhause sind. Das ist die Design-Schule, die wir bei frog heute entwickeln, und diejenige, die – so hoffe ich – alle meine Studenten an der Hochschule für Angewandte Kunst in Wien, vertreten werden, wenn sie ins Arbeitsleben eintreten. Unsere Mission als ganzheitliche Designer – und die Mission, die sich alle Geschäftsführer für die Design-Bemühungen ihrer Organisationen zu Eigen machen sollten – ist es, physische und virtuelle Objekte zu erschaffen, die gleichermaßen inspirierend in ihrer funktionalen Zweckmäßigkeit, ästhetischen Schönheit und sozialen und ökologischen Wirkung und Verantwortung sind, wie sie zugleich die strategischen Ziele des Unternehmens unterstützen sollen. Diese Mission bildet die Grundlage für die kreative Strategie eines jeden Unternehmens und ebnet der taktischen Umsetzung dieser Strategie den Weg. Damit Unternehmensführer ein Innovations-bestimmtes Geschäftsmodell verfolgen können, brauchen sie strategische Designer als Partner.

Lao Tzu beschrieb das Wesen der Strategie mit den Worten, dass »*man mit demjenigen, der nicht am Wettbewerb teilnimmt, nicht in den Wettbewerb treten kann*«. Ich verstehe ihn so, dass wir unseren Zielen lähmende Beschränkungen auferlegen können, wenn wir nur gegen die äußeren Kräfte im Wettbewerb antreten. Stattdessen müssen wir kontinuierlich versuchen, unsere stärksten Anstrengungen noch zu übertreffen und sollten in uns selbst nach dem Schlüssel zum strategischen Erfolg suchen – ein wichtiger Rat für beide Partner einer Unternehmen/Design-Kooperation. Als Designer sind wir besonders qualifiziert, Gelegenheiten aufzuspüren und zu erkennen, die für unsere eher »rationalen« Partner in den Unternehmen vielleicht nicht sichtbar sind. Und die bedeutenden Wirtschaftsführer, als unsere Partner, haben sich vielleicht auf neue aufregende Möglichkeiten eingestellt, die uns noch nicht einmal in den Sinn gekommen sind. Letzten Endes müssen kreative Strategen in Unternehmen und Design in die Aufgabe hineinwachsen, zusammenzuarbeiten, um eine brillantere Zukunft für sich selbst, ihre Unternehmen und ihre Welt aufzubauen. Darin besteht die ultimative Erfolgsstrategie.

Kopf schlägt Kapital:
der Innovationsprozess, Schritt für Schritt

»Wenn ich die Menschen gefragt hätte,
was sie wollen, hätten sie gesagt:
›Schnellere Pferde‹.«

Henry Ford

»Innovation« ist schon seit einiger Zeit ein Schlagwort in der Unternehmensgemeinschaft. Leider verstehen viele Menschen, die diesen Begriff verwenden, seine Bedeutung und Funktion nicht richtig – ein Schicksal, das er mit dem Begriff »Design« teilt. Das ist jedenfalls bedauerlich, weil Innovation und Design zwei der machtvollsten Kräfte bei der Gestaltung einer erfolgreicheren Zukunft für beinahe jedes Unternehmen sind. Aber um das volle Potenzial dieser Werkzeuge ausschöpfen zu können, muss man wissen, um was es sich dabei genau handelt.

Viele Wirtschaftslenker, Investoren, Wissenschaftler und Industrielle verwenden den Begriff für die Kreation und Implementierung neuer Produkte und Prozesse, aber das Wort Innovation stammt vom lateinischen »innovatio« (etwas Neues gestalten) und kann viele Formen annehmen. Ein Ingenieur strebt möglicherweise technische Verbesserungen an, ein Designer erschafft möglicherweise auf Wunsch der Menschen größere Bedienungsfreundlichkeit oder ein gänzlich neues Nutzererlebnis, und eine Führungskraft entwickelt möglicherweise ein neues Unternehmensmodell. Bei Innovation geht es nicht darum, Glück zu haben oder ein schnelleres und billigeres Verfahren zu finden. Es geht um die Umwandlung des Unternehmens und den Aufbau von Potenzial. Unternehmen, denen diese Verwandlung gelingt, teilen bestimmte Merkmale. Sie sind finanziell tendenziell schlank und fit und –

Schwungrat. Hartmut Esslinger
Copyright © 2009 WILEY-VCH Verlag GmbH & Co. KGaA, Weinheim
ISBN: 978-3-527-50492-3

was am wichtigsten ist – ihr Management ist neugierig und hartnäckig. Diese Führungskräfte verstehen, dass Innovation viel mehr als nur »neue Ideen« umfasst und dass Ideen ohne den sinngebenden Kontext eines starken Innovationsprozesses gar nichts wert sind. In diesem Kapitel wird der Innovationsprozess untersucht und veranschaulicht, dass nicht nur Rahmen, Ideenbildung und Umsetzung wichtige Elemente in diesem Prozess sind, sondern auch die Innovatoren selbst – die eigentlichen Menschen, die in diesem Bereich tätig sind, ihre Chefs und Manager in der größeren Organisation und diejenigen, mit denen sie durch kreative Kooperation verbunden sind.

Vom wirtschaftlichen Standpunkt aus betrachtet ist Innovation eine Frage von Leben und Tod. Ein Unternehmen muss heute Neuerungen einführen, wenn es morgen noch im Geschäft sein will. Damit ein Unternehmen erfolgreich sein kann, muss es nicht nur viel besser sein als die Konkurrenz, sondern auch antizipieren, woher seine zukünftige Konkurrenz kommen wird und was sie zu bieten haben wird. Heute verwandeln Wirtschaftslenker Innovation in eine treibende Kraft für bessere Lösungen, Erfahrungen und nachhaltigen Umsatz. In der Tat wenden die erfolgreichsten Führungskräfte Innovation auf jeden unternehmerischen Vorgang an, von Verhaltensstrategien und Marktforschung bis hin zu Finanzwesen, Leadership und Unternehmensmodelle.

Diese Art der Kulturrevolution innerhalb eines Unternehmens hinzukriegen, kann den Entscheidungsträgern im Unternehmen manchmal schon viel abverlangen. In seinem Buch *Leading the Revolution* (dt.: *Das revolutionäre Unternehmen*) beschreibt Gary Hamel die ablehnende Haltung gegenüber Veränderung als die größte Herausforderung für Wirtschaftsführer, die versuchen, ihre Unternehmen mit Innovation zu erfüllen: »... *trotz aller Pro-Innovationsrhetorik, die man in Jahresberichten und Vorstandsreden findet, sind die meisten doch noch der Ansicht, dass Innovation eine eher gefährliche Ablenkung von der wirklichen Arbeit ist, das letzte Quäntchen Effizienz aus dem Kernunternehmensprozess herauszupressen. ... Da Veränderung immer weniger vorhersehbar ist, werden Unternehmen einen immer höheren Preis für ihre einseitige Liebe zum Gewinnzuwachs zahlen.*«

Innovation ist mehr als die angenehme Erinnerung an einen Gedankenblitz. Um bedeutende Innovationen zu schaffen, müssen wir Menschen zu neuen Ideen inspirieren, wir müssen mit Rat und Tat zur Seite stehen und die passende Führung bieten. Wir müssen bereit sein, den Preis für wagemutigen, offensiven Wandel zu bezahlen, der uns helfen wird, den »immer höheren Preis« des Gewinnzuwachses zu vermeiden, vor dem Gary Hamel warnt.

Wie wird ein Unternehmen zum Innovationsmotor? Obwohl alle Menschen und die Organisationen, die sie schaffen, einzigartig und in ihren Stärken und Schwächen unkalkulierbar sind, durchlaufen die erfolgreichsten Innovatoren beim Innovationsprozess einige übliche Schritte, die ich im Folgenden grob skizziere:

Schritt 1 – Grundlagenarbeit: Vorbereitung und Recherche erfordern Kompetenz – die Unternehmensziele und die Rolle des Designs zum Erreichen dieser Ziele müssen bekannt sein und man muss beides sehr ernst nehmen – und Selektivität – die richtigen Teams, Partner, Kunden und Projekte auszuwählen.

Schritt 2 – kreative Kooperation: Zu erfolgreicher, ergebnisorientierter Teamarbeit gehören Rituale wie Brainstorming oder Ideengebungs-Workshops (wie der frogTHINK-Prozess, den ich später noch beschreiben werde), die neue Ideen und Möglichkeiten hervorbringen; Projektion, bei der sich alle am Prozess beteiligten Parteien ausmalen, wie die Innovation das Unternehmen, den Verbraucher und die Welt verändern würde; und ein Management, das den Gruppenkonsens fördert und einen Plan zur Unterstützung und Führung der Innovation bis hin zur Umsetzung liefert.

Schritt 3 – Marketing: Zur Markteinführung eines internen wie externen Produktes gehören die Überarbeitung und der Nachweis der Vorzüge der Innovation für das Unternehmen, die Optimierung der Rolle der Innovation in dem jeweiligen Unternehmensmodell und die Bereitstellung der Leadership-Tools, die notwendig sind, um die Innovation auf den Markt zu bringen.

Im Laufe der Jahre hat mir dieser innovative Prozess gute Dienste geleistet. Lassen Sie mich Ihnen zeigen, wie er funktioniert:

Schritt 1: Grundlagenarbeit

Erfolgreiche Innovation baut auf einer Plattform effektiver Grundlagenarbeit auf. Unternehmen und diejenigen, die sich mit ihnen beraten, müssen ein klares Verständnis der Organisation, ihrer Ziele und Herausforderungen haben. Partner im Kooperationsprozess müssen sorgfältig ausgewählt werden, um die Stärken des Unternehmens (und der anderen) wirksam einzusetzen und die Schwächen auszugleichen. Und jeder im Team muss aus einer Position des gemeinschaftlichen Verständnisses, gemeinsamer Prioritäten und gegenseitigen Respekts heraus agieren. Die Herausforderungen zur Umsetzung dieses Schrittes sind erheblich, aber das Gleiche gilt für den potenziellen Lohn, wenn man es dann richtig gemacht hat.

Das Unternehmen kennen und die Ziele anvisieren

Angesichts des oft brutalen globalen Wettbewerbs sind viele bereit, bei der Originalität und Authentizität ihres Unternehmens Kompromisse einzugehen. Sie verlieren die individuellen Stärken, Kompetenzen und Grenzen ihrer Organisation aus den Augen und damit jede Chance, eine Innovation auf dem Markt erfolgreich zu positionieren und einzuführen. Unternehmen, die nichts Neues erschaffen, sind nicht erfolgreich. Der Geschäftszweck eines jeden Unternehmens ist es, einen strategischen Wettbewerbsvorteil zu erlangen und aufrechtzuerhalten. Um diesen Zweck zu erfüllen, muss ein Unternehmen etwas Besonderes bieten – etwas, das niemand anderer auf dem Markt anbietet, das sich die Verbraucher aber sehnsüchtig wünschen. Wirklich großartige Innovationen sind *transformationell* – sowohl für das innovative Unternehmen als auch seine Konsumenten – und entspringen der Wechselwirkung von Antrieb und Motivation der Unternehmer und ihrer kreativen Berater.

Apple ist heute das Aushängeschild für Innovation, und viele Unternehmen möchten den Erfolg des Unternehmens nachahmen. In die einzelnen Elemente aufgespalten ist Apple's Weg zu diesem Erfolg für all diejenigen verhältnismäßig klar umrissen, die ihm wirklich folgen wollen: Sei ethisch in deiner Vision, schaffe sinnvolle und komplexe Erlebnisse für deine Verbraucher, verwende Technologie zum Nutzen der Menschen (anstatt um der Technologie selbst willen) und bestehe auf hochwertigen Ergebnissen.

Aber die Grundsätze umzusetzen, die diesen Weg säumen, kann für Organisationen mit einem Hang zu »termingerechter Fertigstellung« und einer Neigung zu politischen Grabenkämpfen eine große Herausforderung darstellen. Deshalb können nur wenige Unternehmen Apple's Design-bestimmten Erfolg vorweisen. Diejenigen, die dazu zählen – Unternehmen wie Toyota, Honda, Audi, Boeing, Disney, Nintendo, Genentech und Docomo – haben visionäre, aber dennoch realistische Strategien und großartige Leadership-Teams, die die Unternehmenslandschaft von heute verändern.

Die wichtigste Lektion, die wir von Apple und anderen Innovationsführern lernen können, ist nicht so sehr, was sie in ihrem speziellen Geschäftsbereich leisten, sondern wie sie es geschafft haben, ein Unternehmensmodell zu entwickeln, das sich durch Innovation definiert – mit anderen Worten, wie sie ein »Innovationsunternehmen« wurden. Als ursprüngliche Computerfirma erkannte Apple schon früh, dass sich auf dem traditionellen Markt, der sich um »Möglichkeiten für professionellen Computereinsatz« dreht, zahlreiche starke Konkurrenten wie Microsoft, Oracle, SAP und Adobe im Software-Bereich und HP, Dell und andere im Hardware-Bereich tummelten. Nachdem Apple seine Wettbewerbslandschaft eingehend studiert hatte, sah das Unternehmen nur geringe Chancen für einen großen Sieg. Daher erforschte Apple neue *Spielfelder*, indem es ein Verständnis für die Träume und Erwartungen der Menschen entwickelte und seine Kompetenzen in den Bereichen Hardware, Software und Content realistisch einschätzte.

Außerdem wählte Apple seine Partner klug aus. Im Bereich der Hardware erkannte und nutzte Apple den Wert brillanter ODMs wie Foxconn und Inventec. Im Bereich der Software gab Apple den Weg vor für Benutzeroberflächen und Verbraucheranwendungen, die dem wahren Leben entstammen sollten. Darüber hinaus ging es wegweisende Partnerschaften mit Medienunternehmen wie Warner Music und anderen Content-Inhabern ein.

Zum Glück für Apple war das Geschäftsfeld der Unterhaltungselektronik Mitte der 1990er-Jahre in einem bedauernswerten Zustand. Sony war von seinem Weg abgekommen und andere große Unternehmen wie Samsung, Philips und Panasonic sahen sich mit einem ähnlichen Schicksal konfrontiert. Als Start-ups wie Rio neuen MP3-Technologien (einem vom Fraunhofer-Institut entwickelten Standard) den Weg bahnten, sahen Sony und Samsung in ihnen nur eine weitere Hardware-Chance. Diese Unternehmen brachten schnell MP3-Player mit coolem Design heraus, boten aber unbefriedigende Anwendererlebnisse. Das »Downloaden« von digitaler Musik auf diese Geräte war wirklich eine Qual.

Apple's Designteam hatte eine strategischere Einstellung. Es sah eine enorme Geschäftsidee im Design eines besseren umfassenderen Musikerlebnisses. Apple machte sich daran, diese Erfahrung zu kreieren, definierte damit sein Spielfeld neu und dehnte es auf die digitale Unterhaltungselektronik aus. Bis heute ist Apple's Erfolg in diesem Bereich beispiellos.

Wie Steve Jobs beweist, ist Leadership eine wichtige Voraussetzung, damit Innovationen Fuß fassen können. Zielgerichtetes Engagement des Topmanagements, unternehmensinterne Allianzen und Kooperationsprozesse sind lebenswichtig. Hermann Simon, Vorstand der Beratungsfirma Simon, Kucher & Partners und Kolumnist des Manager Magazins, betont in seinem Buch »The Hidden Champions«, dass großartige Führung ihre Ziele erreicht, indem sie ihren Schwerpunkt auf Technologie und Verbrauchernutzen sowie auf Finanzen und Märkte legt. »Letztlich ist Innovation ein Spiel mit Einstellung und Methoden. Geld allein erfüllt den Zweck nicht«, führt er weiter aus. Mindestens genauso entscheidend für wirtschaftliche Vorteile sei das Engagement des Top-Leaderships im Innovationsprozess. Er fand heraus, dass Innovationsunternehmen – Unternehmen, die sich in ihrer Struktur von »oben« nach »unten« auf kreative, Design-bestimmte Strategien fokussieren – verglichen mit deutschen Kapitalgesellschaften wie Siemens, Bosch, Volkswagen oder Daimler typischerweise *weniger* für viel *bessere* Entwicklungs- und Forschungsarbeit bezahlen.

Für den Designer sind kluge und ehrliche Netzwerke für eine erfolgreiche Zusammenarbeit mit größeren Kapitalgesellschaften zwingend. Dieser Anspruch führt zu Allianzen, die weit über die Unternehmenseinheit oder -abteilung, mit der man als Designer normalerweise zusammenarbeitet, hinausgehen. Darüber hinaus ist es unersetzlich, dass Designer ihre Hausaufgaben machen, damit sie das Unternehmensmodell, die Ziele für den Innovationsprozess und die finanziellen Fähigkeiten, Grenzen und Erwartungen des Unternehmens voll und ganz verstehen. Wenn jeder, der an dem Prozess beteiligt ist, die strategischen Interessen und Intentionen der »höheren Chargen« begreift und verfolgt, entwickelt das Innovationsteam einen zielgerichteten Fokus, der einen großartigen Aufschwung erzeugt – und gleichzeitig die Karrieren aller Beteiligten fördert.

Das richtige Team zusammenstellen

Ebenso wie jede neue Geschäftsmöglichkeit mit einer »Marke« beginnt – »Stellen Sie sich vor, XYZ möchte mit uns zusammenarbeiten!« –, benötigen erfolgreiche Design-Kooperationen großartige Unternehmenspartner – Kunden, die erkennen, dass sie Hilfe brauchen, und bereit sind, die Verantwortung für die Umsetzung der Innovation zu teilen. Der Faktor Mensch ist für die Innovationsförderung erheblich wichtiger als viele Leute denken.

Denken Sie daran: Kopf schlägt Kapital. Und gute Leute sind wichtiger als gute Ideen. Wenn Sie neuen Geschäftserfolg durch Innovation schaffen wollen, müssen Sie mit einem Team, einem Partner oder mit Kunden zusammenarbeiten, die großes, ungenutztes Potenzial haben und bereit sind, mitunter auch unorthodoxe Maßnahmen zu ergreifen, um zu wachsen. Für eine kreative Beratung ist es das Beste, mit einem Kunden auf dem Weg nach oben ein Team zu bilden, dem nur die magische Zutat fehlt, die brillante Designer ins Spiel bringen: inspirierter Mut, angetrieben durch intuitive Kreativität. Dies sind auch die meisten Kunden von frog.

Unternehmen, die nach einem »Comeback« lechzen, geben ebenfalls großartige Kooperationspartner ab. Möglicherweise wurden sie in der Vergangenheit von einem neuen Start-up verdrängt oder sind unter dem schlechten Management eines »Apparatschiks« ins Straucheln geraten, wollen aber unbedingt wieder an die Spitze ihres Marktes. Bei der gegenwärtigen Konjunktur handelt es sich hier um ein wachsendes Segment. Der Unterlegene zu sein, kann, gepaart mit einer neuen Motivation und der Bereitschaft, kreative Risiken einzugehen, in der Tat eine gute Ausgangsposition für Innovation sein. Ich persönlich ziehe ebenso viel Befriedigung daraus, Teil einer größeren Kehrtwende zu sein wie einem neuen Projekt beim Abheben zu helfen.

In Wahrheit kann (oder will) nicht jeder kreativ sein. Bedauerlicherweise sehen sich einige derjenigen, die den kreativen Prozess am wenigsten verstehen, gezwungen, ihn zu orchestrieren, und eine Zeit lang kann die Unternehmensstruktur die Unfähigkeit eines Einzelnen oder einer Gruppe verbergen. Aber die Zeit (und die Bilanzzahlen) enthüllen die größten Vermögenswerte des Unternehmens. Unternehmen sind klug beraten, diejenigen, die Kreativität nicht wertschätzen (oder nicht erkennen können), aus dem Kooperationsprozess herauszuhalten, und Designern gebe ich gerne den Rat, einen Bogen um eine schlechte Partnerschaft mit ihnen zu machen – obwohl das manchmal leichter gesagt als getan ist.

Vor einigen Jahren wurde frog von einem großen US-amerikanischen Pharmazieunternehmen gebeten, eine Angebotspräsentation für die Neugestaltung der Verpackung eines seiner Schmerzmittel zu erstellen. Wir saßen in einem »unbeschwerten, genieße dein Popcorn«-Innovations-Kabuki und Vorgespräch, das so frustrierend war, dass ich das Gefühl hatte, dass ich ganz dringend eins der Schmerzmittel des Unternehmens nehmen sollte. Die Suche nach Lösungen geschah so detailliert, dass kein Raum für irgendeinen wesentlichen strategischen Gedanken blieb. Das Unternehmen kündigte außerdem an, dass es unser Angebot anhand einer Checkliste, die einen preußischen Logistiker mit Stolz erfüllt hätte, »bewerten und einordnen« würde. Dennoch analysierten wir die Ziele des Unternehmens für das Projekt, entwarfen einige Strategien und erstellten einige erste Konzepte. Das Team, dem ich unser Angebot präsentierte, schien aus sehr netten Menschen zusammengesetzt zu sein, aber ihre starren Vorgaben, falschen Vorstellungen und Befürchtungen ließen das Meeting so quälend unbehaglich verlaufen wie ein missglücktes Blind Date. Wir verloren die Ausschreibung und vier Jahre später hatte das Pharmazieunternehmen die Verpackung für sein Schmerzmittel immer noch nicht optimiert.

Dieses Beispiel zeigt nicht nur die Unwirksamkeit des klassischen »Angebotspräsentations-Ansatzes« vieler Werbeagenturen, sondern auch die Bedeutung der Auswahl der richtigen Leute für den Kooperationsprozess. Berater wie frog haben den großen Vorteil, immer im Innovationszyklus zu leben, während die meisten unserer Kunden nur sporadisch mit Innovation in Kontakt kommen, wodurch sie manchmal zu »Kindern im Süßwarenladen« werden. Die Kunst des Prozesses besteht darin, ein Gleichgewicht zwischen emotionaler Begeisterung und professioneller Disziplin zu finden.

Idealerweise sollten dem Kooperationsteam Vertreter aller betroffenen Bereiche des betroffenen Unternehmens angehören. (Erinnern Sie sich an die Mitarbeiterin aus der Cafeteria bei dem Mittelstandsunternehmen, das ich weiter oben erwähnt habe?) Ich beziehe auch gerne das Topmanagement so mit ein, dass der CEO oder der Abteilungsleiter immer weiß, was läuft, ebenso wie wichtige Vertreter aus Marketing, Konstruktion, Finanzen und Betrieb (Stichwort: Supply Chain). Dem Team sollten durchaus auch einige kritische Mitglieder angehören; allerdings ist für Menschen, deren Hauptinteresse im Sichern ihrer Pfründe und Fördern ihrer eigenen Karriere besteht, kein Platz.

Natürlich kontrolliert der Kunde das Budget und hat deshalb die Macht, die Teammitglieder auszuwählen. Allzu oft geht es bei den Entscheidungen über die Besetzung des Teams aber eher um Politik als um Fachwissen oder andere Qualifikationen. In diesen Fällen muss etwas passieren – und normalerweise spreche ich es aus, auch auf die Gefahr hin, das Projekt damit zu beenden. Ein ehrlicher Rückzug in den Anfangsstadien ist besser als eine Niederlage gegen Ende.

Schritt 2: Showtime! Die kreative Kooperation

Genau an diesem Punkt beginnen 99 Prozent der Bücher über Innovation, und dieser Schritt beschreibt, was die meisten Menschen unter »Innovationsprozess« verstehen. Das ist verständlich. Neue Ideen sind im Allgemeinen sexy und spaßig, und deshalb sprechen und lesen Menschen gerne etwas über ihren Entstehungsprozess. Meiner Ansicht nach ist aber die kreative Kooperation selbst nur eine der drei gleich zu gewichtenden Phasen im Innovationsprozess.

Neue Ideen sind die Voraussetzung für Innovation, aber sie sind nur so effektiv, wie die Zielvorgaben, die man trifft, um sie zu filtern und wie die Prozesse, auf die man sich einigt, um sie zu entwickeln.

Brainstorming:
Beschaffung neuer Ideen und Gelegenheiten

Das Konzept der »freien« Ideenbildung bzw. des »Brainstormings« hat seinen Ursprung in der Werbung – aber als seine Verwendung sich auf beinahe jeden Industriezweig und Marketingsektor ausweitete, wurde die Praxis sowohl falsch verstanden als auch falsch verwendet. Ein Zyniker beschrieb Brainstorming einst als »200 Affen, die auf eine Tastatur hämmern, in der Hoffnung, ein Shakespearesches Theaterstück zu erschaffen«, aber Brainstorming kann durchaus vorteilhaft sein, wenn es geplant und im richtigen Rahmen durchgeführt wird. Der erste wichtige Schritt in diesem Prozess besteht darin, bestehende Denkmuster und logische Argumente von viszeraler Intuition zu trennen. Der zweite besteht darin, den Schwerpunkt auf den kreativen Prozess selbst zu legen – auf Menschen, die sich trauen zu denken – und nicht auf Ergebnisse. Dieser Fokus ermöglicht den Teilnehmern, den Prozess ohne Angst vor Strafe zu genießen.

Jedes Unternehmen oder Team besitzt ein großes Ideenpotenzial, sei es begründet durch negative Kritik oder den positiven Wunsch nach Veränderung. Viele meiner eigenen persönlichen Leistungen basieren auf dem, was ich durch Zuhören und Beobachten der Körpersprache meiner Kunden gelernt habe – sogar wenn diese beiden Ausdrucksformen im Widerspruch zueinander standen. Ziemlich oft kamen die tatsächlichen Geschäftsbeziehungen eher durch sekundäre Gespräche als durch »Leitbilder« der Unternehmen oder offizielle Briefings zustande. Ich bin ein großer Verfechter der japanischen Auffassung, dass wir keine Ideen »haben«, sondern dass »Ideen zu uns kommen«. Diese nicht-besitzergreifende Art, den Ideenbildungsprozess zu betrachten, ist viel effektiver als die immer noch viel zu populären Vorstellungen von »meine Idee« und »deine Idee«. Ideen sind agnostisch – das, was man daraus macht, zählt.

Eines der erfolgreichsten Prinzipien im Innovationsprozess besteht im Austausch von Ideen – und Design-Konzepten – der Teammitglieder untereinander. Allzu häufig verlieben sich Menschen in »ihre Idee« und weigern sich, wie alle Verliebten, ihre Unzulänglichkeiten samt ihrer Fehler zu erkennen. Außerdem ist es wichtig, dass die Teilnehmer ein weiteres japanisches Konzept im Gedächtnis behalten und zwar dass Menschen keine Fehler »machen« – im Sinne von, dass jemand absichtlich etwas getan hat, von dem er wusste, dass es falsch war. Die Japaner glauben, dass sich Fehler einfach mit der Zeit herausstellen. Dieses scheinbar leicht nachvollziehbare Konstrukt hat einige wichtige Auswirkungen. Durch die Überzeugung, dass Fehler einfach »geschehen«, werden Schuldzuweisungen vermieden, Verbesserungen tun sich auf, Ideen werden mental greifbar, statt gleich im Ansatz verworfen zu werden. Durch eine positive Herangehensweise ermöglicht diese Denkweise Innovatoren, Nutzen aus erworbenem Wissen beim Streben nach ständiger Verbesserung zu ziehen – ein Streben, das die Japaner als *Kaizen* bezeichnen.

Die meisten Ideen schaffen es nicht bis zu ihrer Realisierung, daher gewinnt die Phase des Rituals durch unerwartete Fähigkeiten und seltene Talente an Bedeutung. Der Ideenfindungsprozess selbst verlangt außerdem genaue Beachtung. Aufgrund unserer langen und weltweiten Erfahrung bei frog haben wir einen Ideenfindungsprozess definiert, den wir als frogTHINK bezeichnen und der uns in allen Kooperationsbereichen gute Dienste erwiesen hat. Das Grundkonzept von frogTHINK besteht darin, alle Fakten und das gesamte verfügbare Wissen – einschließlich der empirischen Entwicklung – über einen Gegenstand oder ein Erlebnis zusammenzutragen und dann all diese Informationen in ihre wesentlichen Bestandteile zu zerlegen. Der primäre Aspekt für ein Trinkflaschendesign beispielsweise ist nicht Funktionalität oder Ästhetik, sondern »Durst«. Um Menschen auf eine innovative (und nicht rein mechanische) Denkweise zu bringen, führe ich gerne eine praktische Übung durch, bei der eine billige Teekanne in tausend Scherben zerschmettert und die Gruppe dann gebeten wird, einen anderen Gegenstand zu erschaffen, indem die Scherben mit Sekundenkleber zu neuen Formen zusammengeklebt werden (der Versuch, die ursprüngliche Teekanne wieder herzustellen, ist definitiv *keine* kreative Handlung.). Der springende Punkt dieser Übung ist wichtig: Die meisten neuen Ideen existieren bereits in dem vorhandenen Ist-Zustand eines Gegenstandes, somit besteht die Herausforderung tatsächlich darin, sie darin zu finden.

Die kreative Kooperation beginnt mit einer aufgeschlossenen Haltung auf einer definierten Bühne. Die Darsteller auf dieser Bühne haben viel mit denen in der antiken Kunstform der griechischen Tragödie gemeinsam, die in ihrer Schlichtheit und ihren extrem strengen Regeln zeitlos ist. Die Handlung auf der Bühne wird durch drei Elemente erzeugt und definiert: der Protagonist (oder in moderner Wirtschaftssprache »Unternehmensleiter«), der Chor (die Organisation oder das Unternehmen) und der Bote (der Ärger oder »das Problem«, das die Innovation lösen soll).

Die richtigen Spieler in einer Umgebung zusammenzubringen, die sorgfältig zur Unterstützung – und nicht zur Unterminierung – des kreativen Prozesses gesteuert wird, ist für einen frogTHINK-Ansatz zur Kooperation von entscheidender Bedeutung. Bei frog wählen wir normalerweise einen Teamleiter oder Projektmanager aus, dessen Rolle es ist, den Kooperationsprozess zu organisieren und zu überwachen, sicherzustellen, dass die Atmosphäre produktiv bleibt und dass das Team seine Ziele nie aus den Augen verliert. Das Timing ist ebenfalls von entscheidender Bedeutung. Ideen kommen nicht als konstanter ruhiger Fluss, sondern mit der Wucht eines Wasserfalls. Der verantwortliche Leiter für das Zeitmanagement im Kooperationsprozess sorgt dafür, dass die Teilnehmer ausreichend Zeit bekommen, um locker zu werden und ihren Geist in einen kooperativen »Flow« zu versetzen, um dann die Qualität der folgenden Ideen zu beurteilen.

Wenn eine Sitzung richtig geleitet wird, sprudeln die besten Ideen nach fünf bis zehn Minuten und ebben dann nach zwanzig bis dreißig Minuten ab, wobei sich die Teilnehmer an die Regel halten, dass ihre Ideen innerhalb des »Filters« der für die Innovation festgelegten Ziele relevant sein müssen. Wenn die Ideen allmählich dürftig und trivial werden, beendet der Leiter die Sitzung. Nach einer kurzen Pause werden die Ideen noch einmal präsentiert, bewertet und zur Abstimmung gestellt. Das Ziel sollte sein, dass in jeder Sitzung drei bis fünf interessante Ideen hervorgebracht werden. Durch den kooperativen Prozess wird der Geist der Teilnehmer zunehmend freier und kreativer, so dass man in jeder neuen Sitzung ein anderes und noch anspruchsvolleres »Problem« angehen kann – ein Prozess der »Ideenbildung durch Irritation«.

Obwohl der frogTHINK-Prozess nicht in Stein gemeißelt ist, bestehen die Sitzungen normalerweise aus drei Phasen mit jeweils festgelegten Zeitrahmen und Themen. In der ersten Phase geht es um ALTERNATIVEN (oder freie Assoziation), was den Teilnehmern ermöglicht, bei dem zu beginnen, was sie wissen, und dann zu einer bequemen Erkundung assoziierter Ideen überzugehen. In der zweiten Phase geht es um ZUFALL. Die Teilnehmer werden herausgefordert, die Alternativen weiterzudenken und überraschende Ideen in Betracht zu ziehen. Die dritte Phase wird durch PROVOKATION oder ABLEHNUNG angetrieben, wodurch das Innovationsteam motiviert wird, aus seinen Ideen extreme – und unerwartete – Schlussfolgerungen zu ziehen. In jeder Phase soll das Team mindestens drei gute Ideen auswählen und erläutern, damit sie den anderen Teams vorgestellt werden können. Wenn ich diese Sitzungen mit meiner Design-Klasse in Wien durchführe, brauchen wir mindestens einen Tag pro Sitzung. Am Ende einer jeden Sitzung wählt dann wieder jedes Ideenbildungsteam seine drei besten Ideen aus. Alle Präsentationen werden vor allen Teilnehmern gehalten, damit gegenseitige Inspiration und Motivation wachsen können. Ein wichtiges Element des frogTHINK-Prozesses – sei es bei meinen Studenten oder in frog's professionellen Kooperationen – ist der ungezügelte Optimismus. Wir vermeiden »Totschlagargumente« wie »Das haben wir schon versucht« oder »Das Management wird da nie mitmachen« und schaffen die Überzeugung, dass Veränderung möglich ist.

Es ist außerdem von entscheidender Bedeutung, alle Ideen aus diesen Sitzungen auf professionelle Art und Weise vorzustellen. Je besser die Präsentation ausgearbeitet ist, desto qualifizierter ist das Feedback. Menschen, die nicht aus dem Bereich Design kommen, können den Sprung von einer Bleistiftskizze zu der Entwicklungsstudie eines neuen Klaviermodells oder einer besseren Interaktion mit einem Softwareelement nicht immer nachvollziehen. Außerdem ist es überaus wichtig, dass die Teilnehmer alle Ideen und Konzepte im Markenkontext vorstellen, sei es in ihrer Übertragung auf funktionale Prinzipien, den Symbolcharakter der Marke oder den nationalen Charakter.

Am Ende dieser Phase sollten die erfolgversprechendsten und überzeugendsten Ideen im Rahmen der »Filter« für die gesetzten Ziele im Innovationsprozess expliziter angedacht und umrissen werden, bevor die Teilnehmer zur zweiten Phase übergehen.

Projektion: sich das Potenzial der Innovation vorstellen

Auch wenn viele kreative Köpfe begierig sind, ihre Ideen mit möglichst vielen anderen Menschen zu teilen – und insbesondere mit Entscheidern auf den höchsten Ebenen –, gibt es eine weitere Phase der kreativen Kooperation, die nicht nur der Festigung der Vorschläge dient, sondern auch dazu beiträgt, die neuen potenziellen Konzepte in einen größeren und allgemein gültigeren Kontext einzubetten. Nach der formalen Anfangsphase müssen die Teilnehmer des kooperativen Prozesses beginnen zu untersuchen, wie ihre Innovation die Zukunft verändern kann – für das Unternehmen, den Verbraucher und die ganze Welt.

Zum besseren Verständnis dieser Phase lassen Sie uns noch einmal zum Beginn von frog's Zusammenarbeit mit KaVo zurückkehren. Wie ich bereits geschrieben habe, wurde frog von dem Dentalindustrieunternehmen engagiert, um eine neue Lampe zu entwerfen, aber letzten Endes half unser Unternehmen KaVo, eine neue Produktlinie von dentalen Einrichtungen und Instrumenten auf den Markt zu bringen, die die Branche revolutionierte. Die neue Serie diente als Grundstein für eine veränderte, auf dem Thema Design aufbauende Unternehmensstrategie und belebte den Markenstatus des Unternehmens wieder.

Das alles geschah 1982, als sich frog mit den Vertretern von KaVo traf, um neue Ideen zur Verbesserung der optischen Wirkung und der Ergonomie der dentalen Einrichtungen und Instrumente zu erörtern – insbesondere für Zahnärzte. Damals litt ein hoher Prozentsatz deutscher Zahnärzte unter chronischen Rückenschmerzen; Schmerzmittel- und Alkoholmissbrauch waren die Folge und nicht zuletzt auch eine überdurchschnittlich hohe Selbstmordrate. In unserer Informationserhebungsphase (Teil der Grundlagenarbeit, die ich bereits erwähnte) sprachen wir mit Arzthelferinnen, Bürokräften und vor allem Patienten, um ihre subjektiven Eindrücke, Erfahrungen und mögliche Verbesserungsvorschläge zu skizzieren.

Wir arbeiteten mit zwei Professoren der Zahnmedizin zusammen, denen genaue Messzahlen über Stress- sowie andere arbeitsbezogene Krankheitsfaktoren vorlagen. Alles, was sie sagten, machte Sinn, aber ihre Bildbeispiele stellten immer *Zahnärzte* und *Patientinnen* dar. Aus einer Laune heraus erwähnte ich, dass meine Tante, Wilhelmine Esslinger-Schlachta – eine eher zierliche Frau – Zahnärztin war, und fragte, wie viele StudentInnen bei ihnen eingeschrieben seien. Sie schauten mich überrascht an und lächelten milde verdutzt, ehe sie antworteten:»Nun, eigentlich viele.« In der Tat waren damals etwa 60 Prozent der Studenten an dieser Fakultät weiblich, und ihr Anteil in den unteren Semestern war höher.

Angesichts dieser Enthüllung wussten wir, dass wir weit über die Frage der Ästhetik hinausgehen mussten, um KaVo zu helfen, einen Plan für eine wirkliche und dauerhafte Innovation in dieser Branche zu entwerfen. Wir fragten uns, wie unsere Innovation sich in Anbetracht der uns bekannten Probleme und der zunehmend weiblichen Präsenz im Berufsstand der Zahnärzte künftig auswirken würde. Und dann begannen wir mit der Zusammenarbeit für eine neue ergonomische Struktur für KaVo's Produkte.

Eine Idee, die auf viele besonders radikal wirkte, traf bei KaVo ins Mark, in einem Bereich, in dem das Unternehmen einen strategischen Leistungsvorteil hatte: das Design seiner mit Druckluft angetriebenen zahnärztlichen Instrumente. Damals produzierte KaVo diese Werkzeuge mit Computer-gestützten Maschinen, was zu äußerst genauen, aber auch sehr starren und »bedienungsunfreundlichen« Instrumenten führte. Zahnärzte hielten und handhabten die Geräte in etwa wie einen Schreibstift, und die gefräste Oberflächenstruktur der Instrumente führte zu Blasen und Schwielen an den Fingern. Wir entwarfen eine Instrumentenlinie mit einem High-End-Kunststoffgehäuse (wir benutzten dieselbe Art von ABS-Kunststoff, der für künstliche Herzklappen verwendet wird), was weichere und ergonomischere Formen ermöglichte und gleichzeitig den hohen Temperaturen und aggressiven Chemikalien zur Sterilisation standhielt. Wir wählten außerdem eine elegante Farbpalette zur Differenzierung der Instrumente und der dazu gehörigen Steuerungselemente nach ihrer Funktion. All diese Innovationen wurden teilweise konzipiert, um Frauen anzusprechen, was für KaVo's Macho-Kultur damals ein äußerst gewöhnungsbedürftiger Ansatz war. Aber wir konnten zeigen, dass die Dentalbranche zunehmend von weiblichen Einflüssen geleitet wurde, und eine Zukunft projizieren, in der unser neues Konzept nicht nur dem Trend zu ästhetischeren *und* ergonomisch attraktiveren Arbeitsumgebungen folgte, die Zahnärzten und -ärztinnen zugute kommen würden, sondern ihn sukzessive vorantrieb. Wir hatten visualisiert, wie unsere Innovationen die Zukunft verändern könnten – jetzt mussten wir unsere Ideen in Form gießen und für die Präsentation vor unserem Kunden aufbereiten.

Management: alle auf Aktion ausrichten

Zur letzten Phase des kreativen Kooperationsprozesses gehört die Konzeption eines schlüssigen Bildes der innovativen Idee, die man entwickelt hat, und die Erstellung eines Plans, um die konkrete Idee auf dem Weg zum dritten und letzten Schritt in dem Prozess – dem Marketing – zu unterstützen. Ich kann diese Phase von frogTHINK am besten veranschaulichen, wenn ich bei den Beispielen für die neuen Instrumente bleibe, die wir für KaVo entworfen haben.

Wir bereiteten alle uns bekannten Daten auf, um unser Konzept zu untermauern. Wir mussten unter anderem auch einigen Widerstand gegen die Verwendung von Kunststoff an den Kernelementen der Werkzeuge überwinden, da ein früheres Projekt gescheitert war, als der Kunststoff, der für Hochpräzisionsventile verwendet worden war, sich bei aggressiveren Wasserqualitäten als ungeeignet erwies. Wir brachten stichhaltige Argumente für die Qualität und die langfristige Nachhaltigkeit unseres Konzeptes vor (die Verwendung des Kunststoffs in Herzklappen überzeugte sogar die kritischsten Führungskräfte in der Besprechung, und die Tatsache, dass dieses spezielle ABS damals knapp einen Dollar pro Gramm kostete, half uns ebenfalls). Wir unterstrichen die Tatsache, dass gerade auch Zahnärztinnen Wert auf Ästhetik und Wohlbefinden legen, und führten Beispiele aus den Bereichen Kosmetik- und Haushaltsprodukte an, um unsere Behauptung zu stützen. Zu guter Letzt verwiesen wir auf künftige globale demografische Trends, hier im Besonderen auf die Fakultäten für Zahnmedizin, und darauf, dass KaVo sich mit diesem Schachzug einen neuen Markt mit der Zielgruppe Frauen erschließen würde. Damit hatten wir sie gewonnen – und die Unterstützung, die wir brauchten.

Unter »Unterstützung« fällt in dieser Phase der Innovationskette die Finanzstruktur, und dazu gehören Budget und Cashflow – und die richtigen Summen! Man kann keine GROSSEN Gewinne erzielen, wenn kreative Strategie und lebenswichtiger Innovationsbedarf wie eine lästige Nebensache behandelt werden. Kein Budget – keine Ergebnisse. Obwohl zu viel Geld bisweilen den Innovationsprozess stören kann, sind alle Innovatoren vom Geld abhängig. Sie müssen nicht nur einen Weg finden, um es zu bekommen, sondern auch wissen, wie man es verwendet. Die meisten Unternehmen haben eindeutig definierte Strategien zur Verwendung ihrer Gelder, und Kreative, die mit Start-ups oder Einzelunternehmern arbeiten, *müssen* die Ziele und Grenzen des Budgetplans ihres Kunden verstehen.

Zur Struktur der Innovationsunterstützung gehören auch Menschen – und zwar die richtigen Menschen! Typischerweise ist die am besten für das Management von kreativen Projekten geeignete Person ein rationaler, unternehmerisch denkender Experte wie zum Beispiel ein Projektmanager (oder im Falle von digitalen Produkten ein »Produzent«). Neben der Leitung des Innovationsprozesses sind diese Führungskräfte auch für den Aufbau und die Durchsetzung von Zeitschienen und Gradmessern für den Erfolg gegen geforderte Spezifikationen verantwortlich. Manche dieser Parameter können sehr komplex sein, besonders, wenn man Innovationen im medizinischen oder Hightech-Bereich durchführt.

Als Reaktion auf die wachsende Zahl an Publikationen von Fallstudien und Beispielen über Unternehmensinnovationen sind zahlreiche Leser zu halben Fachleuten für die Herangehensweise an den Innovationsprozess geworden. Das ist allerdings nicht mit Fachwissen in der Produktentwicklung und im Innovationsdesign gleichzusetzen (betrachten Sie es als den Unterschied zwischen dem Zuschauen bei einer Reihe von Herzoperationen und der praktischen Erfahrung, die erforderlich ist, damit man die Operation selbst durchführen kann.). Diese falschen Vorstellungen führen häufig zum finanziellen und operativen Missbrauch kreativer Menschen und zur Korruption der Innovationskultur einer Organisation.

Es ist die Phase, in der Innovation die Grenze zwischen der rechten und der linken Gehirnhälfte überquert und auch die Phase, in der die meisten Projekte entgleisen. Ein vereinfachter »Projektmanagement-Business-as-usual«-Ansatz allein wird nicht funktionieren. Statt dessen müssen Linke-Gehirnhälfte- und Rechte-Gehirnhälfte-Mitarbeiter sich in einen strukturierten kooperativen Prozess einbringen, der durch eine starke, rationale Leadership geleitet wird und darauf abzielt, neue Ideen und innovative Lösungen zu fördern, mit denen dann die erfolgreiche Zukunft des Kunden aufgebaut wird.

Schritt 3: Marketing (Wo Köpfe Geld brauchen)

Während dieser dritten und letzten Phase des Innovationsprozesses regiert das Geld, und das bedeutet, dass das Kooperationsteam die Antworten auf einige schwierige finanzielle Fragen liefern muss: Wie schneidet die Innovationsinitiative im Hinblick auf Investition und zu erwartende Rendite ab? Wie kommt sie auf dem Markt zurecht und wie behauptet sie sich gegen die Konkurrenz? Macht sich ihre Zeitschiene besondere Gelegenheiten zunutze? Wie ist sie positioniert, um die Markteintrittsbarrieren und Risiken zu überwinden? Wenn Sie der Meinung sind, dass diese Fragen schwer zu beantworten sind, haben Sie völlig Recht.

Die Vorzüge der Innovation verfeinern und beweisen

Unternehmensinterne »Finanzmenschen« haben normalerweise mit mehr Druck und Problemen zu kämpfen als jeder andere im Unternehmen, und viele von ihnen fühlen sich durch die seltsamen Forderungen seitens der Unternehmensmaschinerie außerhalb ihres Einflussbereichs überfordert. Nur sehr wenige Führungskräfte im Finanzbereich haben selbst ein Unternehmen geführt, sodass es nur natürlich ist, dass sie gelegentlich Schwierigkeiten haben, die projizierte Rendite für ein neues Innovationsvorhaben zu akzeptieren. Und weil jede Investition zusätzlich zu einer verzögerten steuerlichen Behandlung (Steuern gehen kurzfristig nach oben) auch noch den Abfluss liquider Mittel bedeutet, stehen zahlreiche Finanzabteilungsleiter der Finanzierung von Vorhaben, in deren Zentrum das Thema Innovation steht, ablehnend gegenüber.

Um diesen Zustand zu überwinden, müssen die Kooperationsteams einen gut strukturierten Plan zum Nachweis der Vorzüge der Innovation vorlegen können. Kreative Berater werden wahrscheinlich verlieren, wenn ihre Argumentation auf Emotionen basiert; stattdessen müssen sie harte Fakten ins Spiel bringen, ähnliche Geschäftsfälle analysieren und wirtschaftlich motivierte Alternativen liefern. Betteln schwächt ihre Position in dieser Situation und wirft ein schlechtes Licht auf die Führungsstärke des Teams. An dieser Stelle müssen Sie Alternativen erforschen – einen Plan B finden –, was durchaus bedeuten kann, vollständig von dem Projekt zurückzutreten und die eigenen Ideen mitzunehmen, um ein eigenes Unternehmen zu gründen (wie Steve Wozniak, der seinen Apple-Computer zunächst seinem Chef bei HP anbot). Ich habe mehrfach für Kunden mit extrem zynischen CFOs gearbeitet, die mich fragten, was ich tun würde, wenn sie den Vorschlag, den frog und das Kundenteam ausgearbeitet hatten, ablehnen würden. Meine Antwort war immer in etwa: »Stellen Sie sich einfach vor, was Ihr Konkurrent mit dieser Idee machen würde – und was dies Ihr Bilanzergebnis innerhalb der nächsten drei Jahre kosten würde.« Diese Antwort hat, bis auf wenige Ausnahmen, immer Wirkung gezeigt.

Denken Sie daran, der CFO muss nicht Ihr Freund sein. Sie haben es mit einem strategischen Denker und kompetenten Leiter zu tun; und es ist in der Tat positiv, wenn der Austausch so ehrlich und offen wie möglich erfolgt. Lassen Sie Ihre Idee nach den strengsten Maßstäben überprüfen, und wenn alle Parteien damit einverstanden sind, den nächsten Schritt zu wagen, wird der Weg zum Erfolg dank dieser genauen Prüfung leichter sein. Zahlreiche Projekte sterben in dieser Phase, aber selbst das ist kein Totalverlust. Wenn man sich über den Vorschlag nicht einigen kann, wird jeder Beteiligte aus dem Prozess gelernt haben und beim nächsten Mal besser sein.

Kooperationsteams müssen sich im Rahmen dieser Phase vorbereiten und argumentieren, als ob sie um Finanzmittel für ein Start-up ersuchen würden. Die folgende Liste von Punkten (Kompliment an Guy Kawasaki und seine erklärte Begeisterung für das »top-Ten«-Listenformat) beschreibt, was die meisten Risikokapitalinvestoren von einem Start-up verlangen und worüber sich ein CFO als Kenner des investierenden Unternehmens erwartungsgemäß Gedanken macht:

1. Das Problem und diese spezielle Gelegenheit, es anzugehen.
2. Lösungsmöglichkeiten aufgrund des vorhandenen Potenzials oder neuer Trends.
3. Auswirkung dieser Innovation auf das bestehende Unternehmensmodell (mehr dazu im nächsten Abschnitt dieses Kapitels).
4. Das eigentliche Talent und die Technologie der Organisation.
5. Marketing- und Absatzplan.
6. Konkurrenz und Risiken.
7. Stärken/Schwächen des Markteinführungsteams.
8. Finanzielle Hochrechnungen und Meilensteine.
9. Status und Zeitlinie.
10. Zusammenfassung des Projektes und Finanz-Beteiligungsaufforderung.

Um die Vorteile Ihrer Innovation zu untermauern, ist ein starker Fokus auf die Punkte 8 und 9 unerlässlich. Ohne Einzelheiten über die geplanten Kosten und Meilensteine sowie den Status und die Zeitlinie des Projekts kann niemand eine vernünftige Entscheidung darüber treffen, ob das Projekt weitergeführt werden soll oder ob man ihm besser den Todesstoß versetzen sollte.

Das Geschäftsmodell optimieren

Die meisten Produktinnovationen erfordern meist ein verändertes Geschäftsmodell. Traditionelle Modelle streben billigere Produkte an, somit schlägt jede Strategie fehl, wenn der Boden des Fasses erreicht ist. Man kann die Kuh nicht hungern lassen und dennoch erwarten, dass sie Milch gibt.

Wenn es einen Unternehmer und eine Marke gibt, die wirklich verstanden haben, wie man Geschäftsmodell und Innovationsprozess integriert, so sind es Richard Branson und Virgin. Die Marke Virgin ist eine großartige Mischung aus einem ganz besonderen Verbrauchererlebnis mit dem Fokus auf »Neuem Luxus«, kombiniert mit einem attraktiven Preis-Leistungsverhältnis. Virgin's Erfolg ist abhängig von der steten Anpassung des Unternehmensmodells, indem es immer wieder erneuert und auf die besonderen Bedürfnisse und Möglichkeiten jeder einzelnen Markenanwendung zugeschnitten wird. Sei es die Behandlung von First-Class-Passagieren bei Virgin Atlantic oder die Einfachheit von Virgin Mobile's Partnerschaft mit den Target-Läden – Branson und Virgin drücken nichts, was ihnen über den Weg läuft, den Stempel des Allerweltsgegenstands auf. Stattdessen entwickeln sie eine authentische Aussage für jedes neue Vorhaben, wodurch sie einen großen Nutzen aus ihrer Marke ziehen und gleichzeitig ihre Glaubwürdigkeit bewahren. Allem Anschein nach besteht die eigentliche Virgin-Strategie darin, die Menschen zufriedenzustellen und das Leben zu einem Riesenspaß zu machen – Gewinne werden folgen.

Wie steht es nun um Ihr eigenes Innovationsvorhaben? Nachdem Sie Budget und Zeitplan sichergestellt haben und das Innovationsteam sich mit den Führungskräften auf höchster Ebene des Unternehmens über die Gesamtziele des Projektes geeinigt hat, ist es an der Zeit, mit den Führungskräften die Auswirkungen des Projektes auf das Unternehmensmodell zu erörtern. Hier sollten Sie schrittweise vorgehen. Beginnen Sie mit den aktuellen Stärken und Erfolgen des Unternehmens und wie man sie in neue Möglichkeiten verwandeln kann, wobei Sie insbesondere Wert auf die Möglichkeiten legen sollten, die Ihre Innovationsinitiative bieten.

Um diesen Prozess zu veranschaulichen, lassen Sie uns das Beispiel von Apple und Dell anschauen. Viele Jahre lang wurde Apple als »Verlierer« im Duell der beiden Rivalen betrachtet. Der Marktanteil der Macintosh-Linie – einschließlich Einnahmen aus dem Mac-Betriebssystem – war lange Zeit minimal. Es brauchte die Sensation des iPod, um Apple in eine weltweit dominierende Position im Bereich digitale Unterhaltungselektronik zu heben. Selbst dann konnte Apple noch nicht auf eine dominante Online-Präsenz blicken – zumindest nicht im Vergleich zu Dell –, und kämpfte weiterhin gegen HP, Sony, Panasonic, Samsung und viele andere um diese eminent wichtige Regalfläche im Einzelhandel (und Mega-Ketten wie Best Buy oder MediaMarkt haben keine freien Regalflächen). Apple benötigte außerdem Markenkontrolle, die die meisten Einzelhändler nicht bieten können.

Die Lösung? Apple passte sein Unternehmensmodell an, um iTunes zur Online-Treibersoftware des Unternehmens zu machen. Dann errichtete das Unternehmen – dem Beispiel von Louis Vuitton, Mont Blanc und Prada folgend – die Apple-Läden als Grundpfeiler für sein physisches Markenerlebnis – ein radikal neues und extensives Service- und Dienstleistungskonzept. Diese beiden Schritte haben Apple geholfen, dem nackten Hardware-Geschäft zu entkommen und eine andere Verbraucher-Domäne zu betreten (und zu beherrschen): die besonders intensive emotionale Ansprache.

Wie hat Dell auf diese Herausforderungen von Apple reagiert? Historisch betrachtet verließ sich Dell auf seine mit niedrigen Fixkosten verbundene Direkt-Marketing-Strategie, die das Unternehmen – auch mit Hilfe von frog – in eine sehr innovative eCommerce-Webseite Dell.com verwandelte. Der Kern von Dell's Strategie waren Computer, die auf Bestellung gefertigt wurden, was dem Unternehmen ermöglichte, genau das zu liefern, was der Kunde wirklich verlangte, und jegliche Verschwendung durch systemische Überfrachtung mit Features und Komponenten zu vermeiden. Das Unternehmen paarte diese Strategie mit einer großen Investition in Supply Chain Managementsysteme. Obwohl ein großer Teil der Hardware ausgelagert wurde, hatte Dell dieses Modell fest im Griff.

Dann schlug die systemische Innovation zu. Im Laufe der 1990er-Jahre waren Laptops auf dem Vormarsch, und Desktops und PC-Türme kamen aus der Mode. Laptops beinhalten eine komprimierte Technologie und einen starren Satz von Features – mit Ausnahme des Speichers und einiger kleinerer Details wird an einem Laptop nichts mehr auf den Kunden zugeschnitten, sobald das Gerät das Fließband in China oder Taiwan verlassen hat. Mit der steigenden Beliebtheit von Laptops veraltete Dell's komplettes Geschäftsmodell.

Ohne Frage ist Dell immer noch ein großartiges Unternehmen und versuchte sich zu verändern, um seinen Marktanteil zurückzugewinnen. Das Unternehmen senkte die Kosten, setzte Michael Dell 2007 wieder als CEO ein und bemühte sich, das Äußere seiner Laptops auf den neuesten Stand zu bringen. Außerdem brachte das Unternehmen neue Produkte wie digitale Music Player, Fernseher und Drucker auf den Markt. Dell eröffnete auch seine eigenen Geschäfte, aber weil seine Produkte weiterhin sowohl optisch als auch funktional nichtssagend sind, sind die Geschäfte meistens leer. Vielleicht könnte Dell das System überlisten, indem es seine nach wie vor überlegene Supply Chain mit einem radikalen Front-End-Innovation-System verbindet, bei dem die Menschen ihre eigenen Produkte entwerfen können. In jedem Fall muss Dell sicherstellen, dass sein Geschäftsmodell sich weiterhin an die gestiegenen Anforderungen neuer Märkte anpasst.

Angesichts der Veränderungen in der Wirtschaft und auf den Märkten, haben wir letztlich eine weitaus offenere Arena, in der das bestmögliche Geschäftsmodell definiert und dann in den Innovationsprozess integriert werden muss. Anstatt zu fragen: »Werden wir das verkaufen können?«, können wir die Frage abwandeln in »Wie entwerfen wir etwas, das die Menschen wirklich wollen?« Um letztere Frage beantworten zu können, muss man verstehen, dass Menschen innovative Produkte »wollen«, aber sich gleichzeitig Gedanken um die gesamte Ethik und Nachhaltigkeit der Produktionsprozesse machen. Die Menschen wünschen sich zunehmend Transparenz was unzumutbare Arbeitsbedingungen, toxische Materialien und umweltzerstörende Kohlendioxidemissionen betrifft, und sie wollen über Wiederverwendbarkeit und Recycling informiert werden. Ein Geschäftsmodell, das diese Einflussfaktoren nicht anerkennt, riskiert in der nahen Zukunft in der Bedeutungslosigkeit zu versinken.

In diesem Stadium wird das Innovationsprojekt endlich zu einem »Produkt« oder einer »Lösung«. Das Innovationsteam muss sich jetzt in eine Unternehmenseinheit verwandeln oder in eine bestehende integrieren. Investitionen und Ressourcen beginnen normalerweise in dieser Phase in das Projekt zu fließen; eine Entwicklung, die gleichzeitig aufregend, beängstigend und demütigend sein kann. Ich habe in diesem Stadium immer Schmetterlinge im Bauch, weil es jetzt kein Zurück mehr und nur noch ganz geringe Möglichkeiten für Korrekturen in letzter Minute gibt. Das

Innovationsteam muss die Dinge nüchtern betrachten, wachsam bleiben und sicherstellen, dass der authentische Charakter der Innovation diese letzte Phase vor der Markteinführung überlebt. Für die Designer hat das Schiff den Hafen verlassen; sie müssen der allzu häufigen Versuchung widerstehen, die Umsetzung des Plans zu verpfuschen, indem sie in letzter Minute Änderungen verlangen oder starre Forderungen stellen.

In dieser Phase wird häufig neue kooperative Grundlagenarbeit erforderlich. 1997, als frog das Projekt leitete, das Markenerlebnis der Lufthansa neu zugestalten, erstreckte sich unsere Zusammenarbeit auf das gesamte Unternehmen und darüber hinaus. In den Jahren vor dieser Neugestaltung hatte ich zahllose Stunden in Lufthansa-Flugzeugen verbracht, und ich hatte immer das Gefühl, dass das Kundenerlebnis zwar sicher aber auch ein wenig verdrießlich war. Das Innere der Flugzeuge sowie die Check-in-Bereiche und Lounges hatten samt und sonders den Charme eines deutschen Mittelstandsbüros – effizient, aber langweilig. Als ich einen Anruf von Hemjö Klein, damals Lufthansa-Vorstandsmitglied für Marketing und Vertrieb, mit der Bitte um ein Treffen zur Diskussion der Marke, des Images und der potenziellen Unternehmensstrategien der Fluggesellschaft erhielt, war ich bereit. In unserer Besprechung fragte mich Hemjö Klein nach meinen Ideen – und ich hatte viele.

Letztendlich umfasste frog's Neugestaltung den gesamten Flugprozess – das gesamte Reiseerlebnis mit der Lufthansa wurde emotional attraktiver und spiegelte die reichhaltige Geschichte und die deutsch-globalen Traditionen des Unternehmens wieder. Wir erschufen einen bequemen, vollkommen flachen Schlafsitz für die erste Klasse (auf dem man gleichzeitig sehr gut aufrecht sitzen kann), und arbeiteten besonders intensiv an dem Flughafenerlebnis. Wir entwarfen einen Schalter im Check-in-Bereich, der die Passagiere »dirigiert« und der es dem Bodenpersonal gleichzeitig ermöglicht, guten Blickkontakt zu halten, die Reisedokumente zu bearbeiten und alle wesentlichen Anlagen zu bedienen, ohne um hinderliche Barrieren herumgreifen zu müssen.

Unser Design verbesserte auch die Reisesicherheit, indem wir verborgene Bereiche und Hohlräume abschafften sowie die Dokumentenverwaltung schützten und Menschenmassen am Schalter reduzierten. Dieses Projekt umfasste auch unendlich viele Details im Inneren des Flugzeugs, von der Zusammenarbeit beim Design ergonomischerer und leichterer Flugzeugsitze bis zur Auswahl neuer Innentextilien, leichterem Geschirr und Wandverkleidungen im Flugzeuginneren. Wir arbeiteten mit den potenziellen Herstellern zusammen, um sicherzugehen, dass das Preis-Leistungs-Verhältnis den Anforderungen entsprach – eine war, das Terminal eins am Frankfurter Flughafen weniger kostspielig zu gestalten als vergleichbare Renovierungsprojekte an Flughäfen wie dem Charles de Gaulle oder Heathrow. Und zum Schluss gestalteten wir Lufthansa's Beschilderung in den Flughäfen neu.

Im Rahmen dieses Projektes arbeiteten wir mit Architekten, Sicherheitsexperten, Dienstleistungsunternehmen und Einzelhändlern am Frankfurter Flughafen zusammen. Das neue Flughafenkommunikationssystem mit Digitalanzeigen musste z. B. mit Philips erarbeitet werden. Die Inneneinrichtung der Airbus- und Boeing-Flugzeuge musste mit einer langen Liste von Lieferanten für Wände, Sitze, Geschirr und etliche andere Dinge koordiniert werden – wobei die Technikabteilung der Lufthansa die führende F&E-Einheit war. Wir mussten einen Schritt zurück machen und die neue Gestaltung den Flugzeugbesatzungen kommunizieren, obwohl wir sie mit ihren Vertretern im Verlauf des Projektes koordiniert hatten. Dem Flughafenterminal das neue Lufthansa-Design zu geben war verhältnismäßig einfach, aber ältere Flugzeuge zum Aufpolieren aus dem Verkehr zu ziehen, war ein kostspieliger Prozess, der detaillierte Überwachung erforderte. In jeder Phase stellte frog sicher, dass die Umsetzung unseres Plans zur Neugestaltung streng in Übereinstimmung mit den zentralen Unternehmenszielen und dem Unternehmensmodell unseres Kunden erfolgte, und das Projekt war ein überwältigender Erfolg.

Die erfolgreiche Umsetzung einer jeden Design-Innovation erfordert, dass das Innovationsteam die Ziele seines Unternehmenspartners voll und ganz erfasst und alles daran setzt, diese letzten Phasen des Innovationsprozesses in das Unternehmensmodell der Organisation zu integrieren. Mies van der Rohe sagte einmal: »Gott liegt im Detail.« Aber wenn es darum geht, dass sich Ihre Innovation sowohl für das Unternehmen als auch für seine Kunden auszahlt, so »liegt Gott in der Umsetzung«.

Die Innovation auf dem Markt einführen

Nur wenige Aufgaben erfordern mehr Leadership und Widerstandskraft als die Markteinführung innovativer Produkte und Ideen. Natürlich gibt es die »üblichen Verdächtigen«. Denken Sie zum Beispiel an Akio Moritas mutige und kompetente Führung bei der Einführung des Walkman im Jahr 1979, als er die ersten 300.000 Geräte selbst an größere Einzelhändler in den Vereinigten Staaten und Großbritannien verkaufte. Oder Steve Jobs' charismatische Einführung hipper neuer Produkte. Wie diese globalen Legenden bewiesen haben, können großartige Innovationen am Markt ohne geniales Marketing und außerordentliche Führung keinen Erfolg haben.

Allerdings wird häufig vergessen, dass Erfolg in dieser Phase durch ganz andere und viel traditionellere Parameter definiert wird als in den vorgelagerten Phasen. Wenn die Innovation in den »öffentlichen Raum« und damit in den Wettbewerb eintritt, sind Ideen und Umsetzung nicht mehr die einzigen Faktoren, die über den Erfolg der Innovation entscheiden. Geld, Wettbewerbsstrategien – darunter einige äußerst unfaire –, konservative Märkte und natürlich die wirtschaftliche Gesamtsituation spielen ebenfalls eine entscheidende Rolle. Ohne angemessene Ressourcen in der Einführungsphase hat die Innovation keine Chance.

Aber ich möchte hier ehrlich sein: Nicht alles funktioniert so gut, wie wir es gerne hätten. Einige brillante Innovationen stehen vor riesigen Problemen, weil die Verbraucher nach wie vor langweilige und basis-funktionelle Produkte wie beispielsweise ergonomisch katastrophale Laptops oder entsetzliche Benutzeroberflächen bei mobilen Geräten akzeptieren. Aus all diesen Gründen erfordert die Markteinführung einer einzigartigen Innovation immer auch viel Talent – und ein wenig Glück. In diesem letzten Abschnitt des Kapitels möchte ich mich genauer mit einer Reihe von Erfahrungen bei Markteinführungen und mit Führungskräften, die Herausragendes bei der Markteinführung mutiger Innovationen geleistet haben, beschäftigen.

* * *

Lassen Sie uns mit Richard Ellenson beginnen, einem ehemaligen Agenturbesitzer in der Werbebranche, der seine Agentur verkaufte und nach der Geburt seines Sohnes Thomas, der mit einer schweren Zerebralparese auf die Welt kam, die in New York ansässige Blink Twice, Inc. gründete. Richards Ziel bei der Gründung von Blink Twice bestand darin, ein radikal verbessertes AAC (Assisted and Augmented Communication)-Gerät namens »Tango« zur Unterstützung und Verbesserung der Kommunikation von Kindern mit Zerebralparese zu erschaffen. Richard investierte sein Geld und sein Leben in dieses neue Vorhaben, weil er erkannte, dass Sprachausgabe-Geräte unverzichtbar sind, um sprachlosen Menschen zu helfen, ihr Potenzial voll auszunutzen. Richard wollte ein Gerät erschaffen, das Menschen helfen würde, nicht nur Sätze kommunizieren zu können, sondern auch Beziehungen aufzubauen. Er beschloss, dass sein AAC-Gerät nicht nur Menschen beim Sprechen helfen sollte, sondern auch andere motivieren sollte, zuzuhören. Außerdem wollte er ein Gerät erschaffen, dass es Lehrern, Therapeuten und Eltern erleichterte, die Kinder zu unterstützen.

2004 trug Richard seine Vision frog's damals neuer Muttergesellschaft Flextronics vor. Wir halfen bei der Gestaltung einer perfekten, vertikalen Integration spezifischer Ergonomie, Software und Hardware, die das Können von Kindern mit Zerebralparese verbesserte und es ihnen ermöglichte, trotz ihrer sehr eingeschränkten körperlichen Fähigkeiten zu kommunizieren. Das Projekt umfasste Kooperationen mit mehreren innovativen Teams. Tango's wegweisende Vision einer *First Language Structure (etwa: Sprachstruktur der Erstsprache)* wurde in Zusammenarbeit mit Pati King-DeBaun, Dr. Karen Erickson, Caroline Musselwhite und Patrick Brune entwickelt. Und die innovative doppelt belegte »Two Hit«-Buchstabiertastatur des Tango wurde in Zusammenarbeit mit Dr. Erickson und Sally Clendon geschaffen. Linda Burkhart arbeitete gemeinsam mit Caroline Musselwhite an der Gestaltung von Tango Stories, und Linda entwickelte außerdem die Scan-Fähigkeit des Geräts. Die Projektkooperationen waren höchst erfolgreich. Eine von den NIH (National Institutes of Health der USA) finanzierte Forschung hat ergeben, dass der Tango eine schnellere Kommunikation ermöglichte und die öffentliche Wahrnehmung der Fähigkeiten seiner Benutzer steigerte – ein entscheidender Erfolg für Richard und seine Gruppe. (Wenn es Sie interessiert, können Sie sich unter www.blink-twice.com diese Innovation in Aktion demonstrieren lassen. Eine Demo auf der Seite lässt Sie einige Grundfunktionen des Tango durchspielen.)

Neben all dieser wechselseitigen Kooperationstätigkeit waren die Markteinführung des Tango und seine Vermarktung als funktionales und lebensbereicherndes Produkt eine noch größere Herausforderung. Ellenson lancierte die Einführung anlässlich einer Tagung des amerikanischen Verbandes für Körper- und Mehrfachbehinderte (United Cerebral Palsy Association) und der benachbarten Fachmesse im Frühjahr 2006 im Hilton Flughafenhotel, Los Angeles. Durch die Messehallen zu laufen, war für uns alle ein deprimierendes Erlebnis. Die Hässlichkeit der Produkte für Menschen mit körperlichen und geistigen Beeinträchtigungen ist schockierend, und die meisten sind so schwer zu benutzen, dass sie selbst für Menschen ohne körperliche oder geistige Beeinträchtigungen eine frustrierende Herausforderung darstellen. Mögen die Verantwortlichen, die diese Geräte entwerfen und produzieren, auch gute Absichten haben – sie planen an den Bedürfnissen ihres Marktes vorbei – eines zugegebenermaßen kleinen Marktes, der aber dennoch geradezu nach behindertengerechtem Design und anwendbaren Lösungen schreit. Unsere Bewunderung für Richards Vision und seine innovative Führung wuchs exponentiell, als wir die Angebote seiner Mitbewerber sahen.

Später am gleichen Abend besuchten wir eine Benefizveranstaltung der United Cerebral Palsy Association, wo wir ohne Rollstuhl in der Minderheit waren. Richard hielt eine inspirierende Rede und der Schauspieler William H. Macy – bekannt aus dem Film FARGO – eine wundervolle und sehr rührende Ansprache. Die wahren Berühmtheiten jedoch waren die Menschen mit Zerebralparese, die mit einem ACC-Gerät – zumeist einem TANGO – zu der Gesellschaft sprachen, Reden hielten, lustige Sketche aufführten und sogar ausgesprochen romantische Gedichte rezitierten.

Ich werde diesen Abend nie vergessen. Es waren äußerst kluge und nette Kinder; brillante, höchst kreative und leidenschaftliche Menschen, deren einziges Mittel zur Kommunikation mit anderen Menschen und der Welt um sie herum eine Maschine war. Und

WEGA SYSTEM 3000
Meine Partner und ich arbeiteten von einer gemiete-
ten Garage aus, als Dieter Motte, der Eigentümer
und CEO von WEGA, unsere Firma, die damals noch
in Kinderschuhen steckte, beauftragte. Nach der Einführung 1971 verwandelte unser Design für das
System 3000 Dieter Mottes relativ kleines Unternehmen in eine der großen Marken.

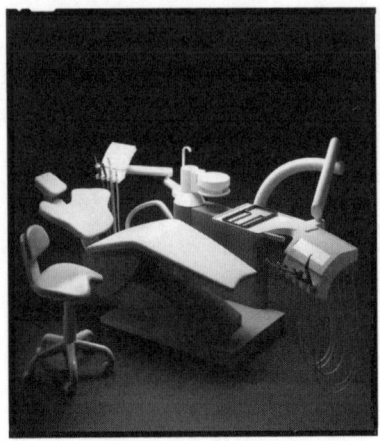

KaVo ESTETICA

Unser Design für KaVo's »ESTETICA 1040« System, das 1974 auf den Markt kam, verbesserte die Behandlungserfahrung für Zahnärzte und Patienten und wurde zum Industriestandard der folgenden 30 Jahre.

LOUIS VUITTON

Lous Vuitton's charakteristische Muster passen immer und überall. Die Luxus-Strategie, »die man sich leisten kann«, wurde in den späten 1970er-Jahren zusammen mit frog design entwickelt und stärkte die Marktposition der Marke LV enorm.

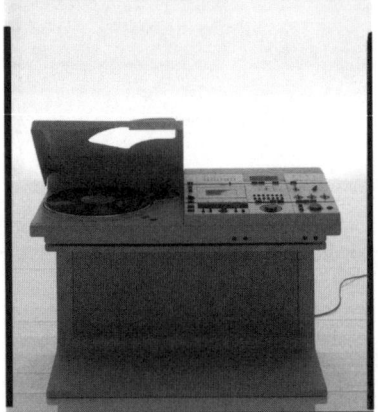

SONY-WEGA CONCEPT 51 K

1976 war das Design von frog für die Wega Concept 51 Home Stereoanlage formschön, kompakt und leicht zu bedienen – eine perfekte Lösung für die damalige Zeit. Heute befindet sich dieses Design in der Sammlung des MOMA in New York.

DISNEY UNTERHALTUNGSELEKTRONIK

Als frog die Marke Disney 2001 für die Sparte Unterhaltungselektronik lizensierte, co-designten wir unmittelbar mit Händlern wie Target und BestBuy. Die neue Kategorie »für Kinder« schuf einen neuen Markt mit immer noch wachsenden Umsätzen.

SONY TRINITRON
Seit 1968 bot die Bildröhre von Sony's Trinitron das
beste Fernsehbild der Welt, benötigte aber einen
Schutz für den zylindrisch gekrümmten Bildschirm.
frog's bahnbrechendes »black box« Design bot die
Lösung und beendete die »Holz und Zierleisten«-
Tradition in den Wohnzimmern der Welt.

Die MARKE und DESIGN DNA von APPLE
Seit 1982 arbeitete frog an der »Snow White« Designsprache. Wir arbeiteten eng mit Steve Jobs und den
Entwicklern bei Apple zusammen, um die Bedienbarkeit und die Symbolik von »Personal Computer« zu
definieren. Das führte zu Produkten mit Kultcharakter,
die es zuvor in dieser Form noch nie gegeben hatte.

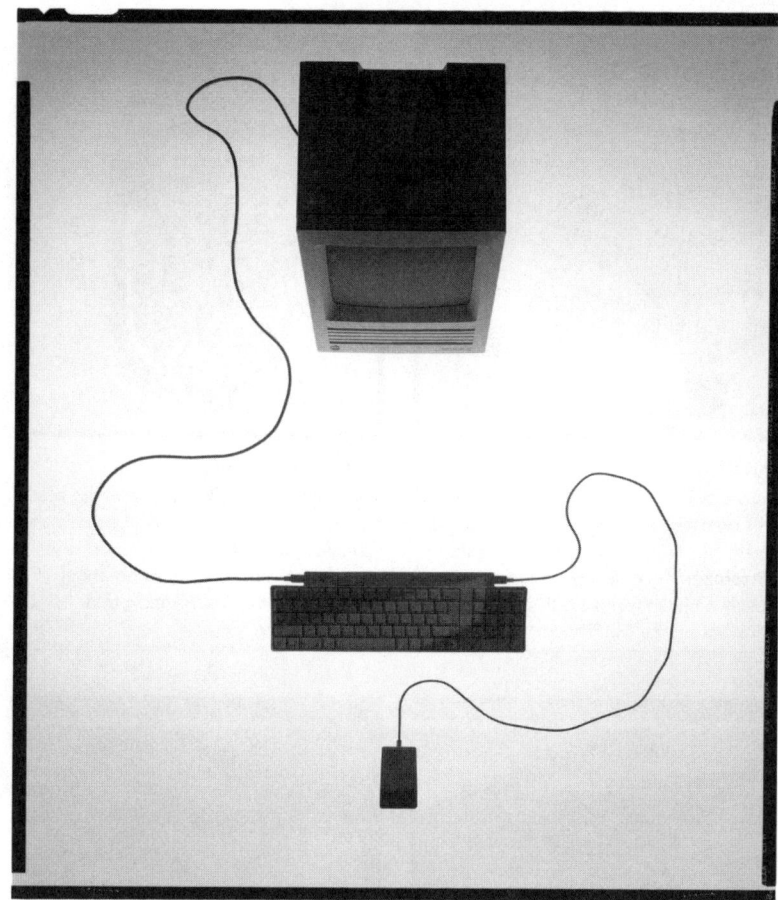

APPLE MACINTOSH SE

Die Einführung des Apple IIc und des Macintosh SE
im Jahre 1984 bildeten die emotionale und ökonomische Grundlage für die Entwicklung der Bedeutung
des Designs als eine erfolgreiche Geschäftsstrategie.
Apples Benutzeroberfläche und Media Content machten die Computertechnologie menschlich – und halfen eine neue Kultur zu schaffen.

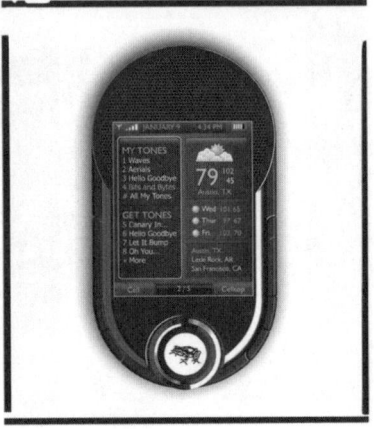

SAP R/3 und SAP PORTALS
1998 machte frog SAP's R/3 Betriebssystem menschlicher. Wir designten eine farbigere und einfacher zu nutzende Benutzeroberfläche und verbesserten die Geschwindigkeit und Leistung der Software um bis zu 80 Prozent.

ALLTEL: »CELLTOP«
frog's design für Alltel's »handheld communication portal« ermöglicht eine zeitgemäße intuitive Kommunikation und Verbindung zu Menschen und bietet Information, Kommunikation und Unterhaltung.

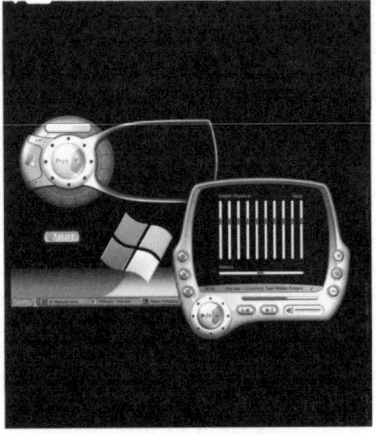

DISNEY CRUISE LINES
frog's retro-futuristische Designs für die Disney Magic® und Disney Wonder® kombinieren klassische maritime Eleganz und futuristische Raumschiff-Anmutung – und sprechen so sowohl Eltern als auch Kinder in gleichem Maße an.

MICROSOFT WINDOWS XP
2001 beteiligte sich frog an der Entwicklung eines leistungsfähigeren und flexibleren Media Player. Wir modernisierten zusätzlich das Aussehen der Marke mit einem neu designten Windows Logo.

LUFTHANSA

In den 1990er-Jahren bat der Vorstand von Lufthansa
frog, ein neues und emotional ansprechenderes
Marken-Image für die Fluglinie sowie eine Neugestaltung des Terminal 1 in Frankfurt/Main zu entwickeln. Von den Check-In Schaltern bis zum Inneren
der Flugzeuge sorgte unser Design für eine neue Art
des Reisens.

ZUKUNFTSPRODUKTE: »SMART ROBOTICS«

Vernetzte Roboter werden dem Dienstleistungssektor, dem Ingenieurwesen, dem Lebens- und Arbeitsumfeld neue Grenzen eröffnen und menschliche Fähigkeiten enorm erweitern.

Universität für Angewandte Kunst, Wien (ID2 Master Class Esslinger): Lukas Dönz, Harald Tremmel, Dominik Premauer, Joachim Kornauth.

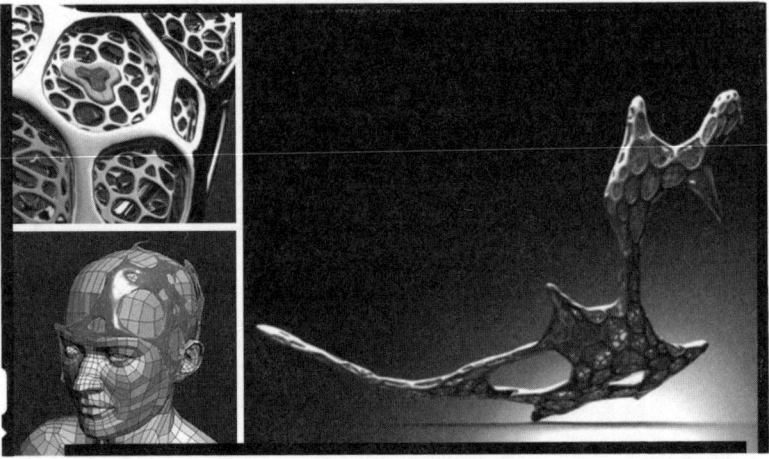

BITS, ATOME, NEURONEN & GENE: »BRAIN ENHANCER«

Wissenschaftliche Fortschritte müssen danach hinterfragt werden was »menschlich« eigentlich bedeutet, aber Design wird dafür sorgen, dass diesem Aspekt Bedeutung zukommt und Fortschritt »menschlich« sein wird. Bionische Erweiterungen menschlicher Funktionen werden die Erfahrung der Menschen optimieren.

Universität für Angewandte Kunst, Wien (ID2 Master Class Esslinger): Ewald Neuhofer.

die beste Maschine für diesen Zweck hatte sich Richard Ellenson ausgedacht, sie realisiert und auf den Markt – und zu diesen Kindern – gebracht. Was das Verständnis für und die Befriedigung der Bedürfnisse der Menschen mit Zerebralparese anbetrifft, so führt Ellison nicht nur den Weg zur Innovation an, sondern lebt ihn mit seiner Familie.

* * *

Lassen Sie uns als Nächstes die Einführung der ERP (Enterprise Resource Planning)-Software betrachten – die ursprüngliche Erfindung von SAP, einer von Deutschlands wenigen globalen Stars in der digitalen Branche. Bei der ERP-Software geht es ausschließlich darum, die Finanzzahlen und -ressourcen sowie die Daten der gesamten Supply Chain Prozesse zu bewältigen, und das übergeordnete Motiv ist logische und rationale Kontrolle. 1999, als ich von dem Mitbegründer und CEO Hasso Plattner und seinem Produktentwicklungsteam (unter der Leitung von Matthias Vering, Leif Jensen-Pistorius und Peter Hilgers) gebeten wurde, dabei zu helfen, die Software des Unternehmens bedienungsfreundlicher und »enjoyable« (erfreulicher) zu machen, sah ich wie sich mir ein weites Feld von Möglichkeiten eröffnete. Die Technologie des »R/3« – wie die Software damals hieß – war extrem komplex, aber Kreativität und Design wachsen und gedeihen unter schwierigen Bedingungen. Die SAP-Softwareentwickler und -designer gaben ihrem Projekt den Codenamen »enjoy«, obwohl das Produkt letztendlich »mySAP« und »SAPportals« heißen sollte.

Das Projekt wurde perfekt gemanagt. Matthias leitete die Kooperation innerhalb des Unternehmens, indem er einer Gruppe von knapp 600 Entwicklern die Angst vor Veränderung nahm. Leif und Peter waren kompetent und absolut ego-frei, und Hasso stellte die geschäftsführende Inspiration und Führung bereit, die für jede Innovationsmission unerlässlich sind. Und wir hatten definitiv eine Mission: Die Benutzerschnittstelle berührte etwa vierzigtausend verschiedene Funktionalitäten. Die Ergebnisse – wie die Universität Mannheim testete – waren beeindruckend. Durch die mySAP-Anwendungen wurden Fehler um 73 Prozent und die Einarbeitungszeit um 82 Prozent reduziert. Obwohl Online-Anwendungen zu jener Zeit noch neu waren, schnitt SAPportals mit einer um 62 Prozent reduzierten Fehlerquote und einer um 70 Prozent reduzierten

Einarbeitungszeit ebenfalls beeindruckend gut ab. Zusätzlich zu diesen Leistungssprüngen sah die grafische Benutzeroberfläche der Software sogar besser aus als die ihrer stärksten Konkurrenten, und sie war viel angenehmer und enjoyable zu bedienen als die des ursprünglichen R/3.

Die Herausforderung bestand darin, sie so auf dem Markt einzuführen, dass sie die SAP-Kunden ansprach, darunter die über eine Million vorhandenen Anwender, die möglicherweise Veränderungen skeptisch gegenüberstanden, und neue Kunden, die überzeugt werden mussten, dass mySAP ihnen helfen würde, ihr Unternehmen zu verbessern. Gleichzeitig musste die Produkteinführung SAP's globale Marketing- und Vertriebsteams inspirieren und überzeugen. Hasso übernahm diese Aufgabe selbst und er bat mich, im Rahmen der Mission ein Jahr lang eine Führungsrolle in SAP's globalem Marketing zu übernehmen.

Um einen globalen Ton anzuschlagen und die Bedeutung des US-amerikanischen Marktes hervorzuheben, luden wir Mitglieder der globalen Medien sowie Software-Gurus, Kunden und die Führungskräfte von SAP zu einer Veranstaltung nach Palo Alto, Kalifornien, ein. Hasso hielt eine Ansprache, und wir demonstrierten die neue Software sowie einige coole Videos, die wir extra für diesen Anlass produziert hatten. Das war ein großartiger Start für mySAP, aber es war nur der Anfang. Wir organisierten zusätzlich Workshops mit den örtlichen Marketing- und Vertriebsteams von SAP auf der ganzen Welt. Während dieser Konferenzen verbesserten wir die Beziehung zwischen Marketing und Vertrieb auf der einen und Design und Software-Entwicklung auf der anderen Seite. Wir trafen uns außerdem mit wichtigen Kunden und bekamen kritisches Anwender-Feedback für on-the-fly Verbesserungen unseres Projektes.

Nach langem Herumprobieren – und mit Hassos fortwährender Unterstützung – unterbreiteten wir dann mit Ogilvy Mather eine Reihe von bis heute verwendeten Mottos für Werbekampagnen, in denen wir einige der »besten Unternehmen« hervorhoben, die SAP benutzen (zum Beispiel: »Porsche runs SAP«). Das war 2000. Knapp ein Jahrzehnt später ist SAP nach wie vor weltweit führend im Bereich ERP-Software.

* * *

Lassen Sie uns zum guten Schluss noch einen Blick auf die Einführung von Lufthansas neuem Verbrauchererlebnis werfen – eine weltweite Initiative, über die ich in diesem Kapitel bereits berichtet habe. Dieses Projekt war ebenso spannend wie herausfordernd. Sein Zustandekommen und die erfolgreiche Markteinführung verdankte das Projekt dem guten Leadership. Hemjö Klein hielt den Lufthansa-Vorstand – mit dem Vorstandsvorsitzenden und CEO Jürgen Weber – immer auf dem Laufenden über Projektplanung und -fortschritt. Wir profitierten außerdem von ständigem Feedback (einige meiner nicht deutschen frog-Kollegen verstanden diese Diskussionen fälschlich als harte Kritik), das uns eine unschätzbare Hilfe war. Hemjö Klein hatte es nie »zu seinem Projekt« gemacht. Alle am Projekt beteiligten Mitspieler kamen zu Wort und es war unser aller Gemeinschaftseigentum.

Wir führten die »Neue Lufthansa« in einem der größeren Hangars am Frankfurter Flughafen in Anwesenheit einiger tausend »Lufthanseaten«, Journalisten und Persönlichkeiten der Branche aus der ganzen Welt ein. Alle Teams, die an diesem Projekt mitgearbeitet hatten, erschienen und präsentierten »ihr Baby«. Wir hatten Teile der Kabine mit neuen Sitzen ausgestattet, damit die Anwesenden sie testen konnten. Wir hatten außerdem ein Gate mit den neuen Schaltern und vielen Video-Screens ausgestattet, um das neue Design zu veranschaulichen und zu erläutern. Der ultimative Höhepunkt der Einführung war jedoch die Ankunft der ersten vollständig konfigurierten Boeing 747-400 – mit dem Namen »Victor Alpha« –, die erst in der Nacht davor umgerüstet worden war und vom Technikzentrum der Lufthansa in Hamburg eingeflogen wurde.

Als Teil ihres unglaublichen Fokus auf Qualität, Konsistenz und Perfektion behandelte die Lufthansa die Markteinführung des Designs wie den Dreifach-Check eines Flugzeugs. Neue Flugzeuge nahmen ihren Dienst mit einem unberührt neuen Äußeren auf, rekonfigurierte Flugzeuge wurden ebenso wie die Renovierung der Flughafenbereiche unter der Kontrolle der Lufthansa entsprechend den Wartungszyklen »bearbeitet«. Lufthansa's innovatives Design hat der Fluggesellschaft einen Platz an der Spitze gesichert und darüber hinaus zur Ausdehnung der Grenzen des Flugzeugdesigns beigetragen. Aber zuvor brauchte es eine sorgfältig orchestrierte und gemanagte Markteinführung dieser Innovationen, damit sie bei dem Vorstand, den Beschäftigen und den Kunden der Lufthansa Erfolg haben konnten.

* * *

Wie diese Beispiele gezeigt haben, ist Innovation gepaart mit Kultur und der Liebe zur Bedienungsfreundlichkeit ein zeitloser Gewinner. Diesen Unternehmen – und ihren Führungskräften – ist es gelungen, innovative konvergente Produkte und Verbrauchererlebnisse mit sehr knappen finanziellen Mitteln und unter kluger Verwendung der Ressourcen auf den Markt zu bringen. Wenn Sie einen Beweis für die entscheidende Bedeutung von gutem Leadership für eine erfolgreiche Innovation benötigen, so vergleichen Sie einfach das Verhältnis von Ergebnis zu Investition dieser alles verändernden Innovationseinführungen mit den Millionen von Dollar, die einige Unternehmen für die Einführung einfacher, rein auf Gewinnzuwachs ausgerichteter kleiner Produktveränderungen auf dem Markt ausgeben.

Die hier aufgeführten Beispiele und Geschichten unterstreichen außerdem einen wichtigen Punkt, der schon in der Überschrift dieses Kapitels enthalten ist: Wenn es um das erfolgreiche Design und Marketing von Innovationen geht, so schlägt der Kopf jedes Mal das Kapital. Der Innovationsprozess kann ohne kreative, kooperierende Teammitglieder und starke, visionäre Führung nicht gelingen. Von der wichtigen Grundlagenarbeit zu Beginn des Innovationsprozesses bis zum Management der kreativen Kooperation und der Bereitstellung der zur Einführung der Innovation in einer globalen Wettkampfarena notwendigen Führung spielt der »Faktor Mensch« eine entscheidende Rolle für den endgültigen Erfolg des Projekts. Ja, Innovation erfordert Geld, aber ohne brillante Köpfe können nur wenige Innovationen gelingen – ganz gleich, wie viel Geld dahinter steht.

5 2

Eine Business-Design-Revolution: Grüner Planet AG

»Selbst wenn ich wüsste, dass die Welt morgen untergeht, würde ich heute meinen Apfelbaum pflanzen.«

Martin Luther

Seien wir mal ehrlich. Beim Design wie beim Marketing geht es immer noch darum, den Massenkonsum anzukurbeln, und alles was in Massenproduktion gefertigt wird, trägt zur Umweltverschmutzung und zum Treibhauseffekt bei. Damit werden Designer und ihre Geschäftskunden systemische Player in einem Wirtschaftsmodell, das tiefgreifende Auswirkungen auf die Umwelt hat. Je mehr Artikel wir von einer Produktionslinie auf den Markt werfen, desto besser stehen nach herkömmlichen Wirtschaftstheorien unsere Chancen auf wirtschaftlichen Erfolg. Aber jetzt haben wir erkannt, dass die herkömmlichen Indikatoren für wirtschaftlichen Erfolg uns vielleicht nicht die ganze Geschichte erzählen. Wir haben den machtvollen Einfluss des Designs auf das Geschäftsmodell erkannt und wir haben gezeigt wie eine starke Führung kreative, innovationsgesteuerte Strategien gestaltet und umsetzt, um eine nachhaltigere Rentabilität zu erreichen. Aber wir müssen auch verstehen, dass die Rolle des Designs beim Aufbau der Nachhaltigkeit weit über die monetären Gewinne von Unternehmen hinausgeht.

All diese »billigen« Güter, die wir ausgestoßen haben, haben sich als kulturell, gesellschaftlich und ökologisch viel zu teuer erwiesen – sie töten uns sogar –, und »grünes Denken« hat sich letzten Endes mehr und mehr als populäres politisches und wirtschaftliches Thema etabliert. Heutzutage tun sich die Regierungen der Welt zusammen und räumen ein, dass unsere gedankenlose Zerstö-

Schwungrat. Hartmut Esslinger
Copyright © 2009 WILEY-VCH Verlag GmbH & Co. KGaA, Weinheim
ISBN: 978-3-527-50492-3

rung des irdischen Umfelds zu einem immensen – und zwar vom Menschen verursachten – Problem geführt hat. Jetzt können wir nur noch hoffen, dass unser menschlicher Intellekt und Erfindungsreichtum der Aufgabe, dieses Problem zu lösen und den Planeten zu retten, gewachsen ist. Die wachsende Bewegung hin zum Öko-Kapitalismus ist keine »Tue-Gutes-Übung«. Sie wird durch Selbsterhaltung motiviert und fordert einen schnellen Kurswechsel in unserem Umgang mit Produktion und Konsum.

Eine der wirkungsvollsten Methoden, um diese Verschiebung zu erreichen, besteht in der Neugestaltung des industriellen Produktionsvorgangs. Designer und die Unternehmen, mit denen sie zusammenarbeiten, haben die großartige Gelegenheit, das strategische Anfangsstadium des Produkt-Lebenszyklus-Management (PLM)-Systems zu beeinflussen. Tatsächlich *müssen* wir bereits in diesem frühen Stadium eine Geschäftsstrategie definieren, wenn sie Wirkung zeigen soll. Diese Art der Prozessveränderung von Anfang an ist ein gutes Geschäft. Durch Veränderung des industriellen Prozessmodells, von einem Modell, das die Effizienz durch Masse-These unterstützte, zu einem, das eine sozial und ökologisch ausgerichtete Innovation fördern soll – zum Beispiel durch unmittelbare Integration umweltfreundlicher Methoden und Materialien in das Prozessmodell –, können wir den Wert des Unternehmens und gleichzeitig den Absatz steigern.

Diese wichtige Verschiebung erfordert eine Veränderung der Arbeitsweise von Unternehmen und der Interaktion und Kooperation zwischen Unternehmen und Kunden. Wir müssen Geschäftsmodelle erneuern, damit sich Kunden gleichberechtigt mit den Führungskräften, Beschäftigten und Inhabern sowie Aktionären als »Verantwortliche« für die Unternehmen und die Welt zusammentun.

Designer, deren Arbeit die Schnittstelle zwischen Menschen und Wissenschaft, Technologie und Unternehmen bildet, haben die Pflicht und Möglichkeit, den Motor der neuen »grünen« Wirtschaft zu formen, und wir bei frog stehen bei diesen Bemühungen an vorderster Front. In dem Wissen, dass wir alle Teil eines sehr komplexen Systems sind, hat frog vielfältige taktische Ansätze verfolgt, um sein strategisches Ziel, die weltweite Consumer Technology-Industrie zu »begrünen«. Zu unserem Ansatz gehören die Analyse und Anpassung der Prozesse was Produktstrategie, Planung, Design, Konstruktion und Produktion betrifft sowie die entsprechenden betrieblichen Support-, Verbrauchs-/Nutzungs- und Recycling-Phasen des Produktlebenszyklus.

In diesem Kapitel erläutere ich meine Ideen zur Umsetzung umweltfreundlicher Lösungen in jeder Phase des Produktlebenszyklus vor, wobei ich die Anfangsstadien der industriellen Design- und Fertigungsprozesse besonders hervorheben möchte. Auf dem Weg dorthin werde ich Ihnen die Optionen vorstellen, die wir zur Veränderung des gegenwärtigen industriellen Paradigmas von »billig, billiger, giftig« in ein Paradigma besserer Unternehmen,nachhaltigerer Gewinne und besserer Werten für uns alle entwickelt haben.

Lösungen für die Anfangsstadien

Wir Menschen haben die Erde viele Jahre lang verschmutzt und vergiftet, aber unsere Suche nach einem besseren Weg für die Nutzung unserer Ressourcen befindet sich immer noch in den Kinderschuhen. Die meisten aktuellen grünen Bemühungen wie zum Beispiel das Recycling beschäftigen sich immer noch eher mit den Auswirkungen rücksichtsloser Produktion und rücksichtslosen Konsums als mit den Ursachen.

Europa hat eine lange und gesunde grüne Tradition, und Designer und Industrielle aus anderen Teilen der Welt wären vielleicht in der Lage, einige ihrer eigenen Lösungen nach dem Vorbild Europas zu gestalten. Die europäische Gesetzgebung zum Beispiel setzt höhere Standards für das Recycling von Industrieprodukten, indem sie Regeln zur Erleichterung des Recyclings festsetzt – Regeln wie beispielsweise die, die es Herstellern untersagen, zwei verschiedene Materialien zusammenzukleben oder Kunststoff zu lackieren. Aber selbst in Europa liegt nach wie vor ein überwältigender Fokus auf der allerletzten Phase des Produktlebenszyklus, weshalb ein Management der ökologischen Auswirkungen auf der ersten Stufe der PLM-Kette unverzichtbar ist. Die ökologische Nachhaltigkeit unserer Produkte und Verfahren kann durch eine bessere strategische Auswahl und ein besseres strategisches Design bereits in den Anfangsstadien besser angegangen werden.

Die amerikanische Automobilindustrie ist ein Musterbeispiel dafür, was geschieht, wenn Unternehmensstrategen die Anfangsstadien des Lebenszyklus-Managements ihrer Produkte ignorieren. Sie trägt außerdem weltweit proportional am stärksten zu den Treibhausgasen bei, was sie zum Hauptadressaten staatlicher Regelungen und der Forderung nach technologischer Innovation gemacht hat. Traditionell haben amerikanische Automobilhersteller Autos so entworfen, konstruiert und produziert, dass ihr Hauptaugenmerk auf der besten Absatzperformance bei niedrigsten Herstellungskosten lag. Trotz der Warnungen von Ökologen und des politischen und gesetzgebenden Drucks aus Kalifornien und anderen Bundesstaaten musste die Volkswirtschaft erst kurz vor dem Zusammenbruch stehen, damit die drei großen US-Automobilhersteller gezwungen waren, die Entwicklung umweltfreundlicherer Automobile weiterzuverfolgen. Der Widerwille der Branche, besser früher als später zu guten umweltbewussten Bürgern zu werden, sollte ihnen, der amerikanischen Wirtschaft und dem amerikanischen Volk schlecht bekommen. Und diese schlechten Geschäfte hatten ihren Ursprung in schlechtem Design.

Man kann natürlich nicht von den Verbrauchern erwarten, dass sie die Saat der ökologischen Gefahr, die in den Anfangsstadien einer Produktentwicklung liegt, erkennen. Die physikalischen Auswirkungen von Verschmutzung und Abfall, die sich später in einem Produktlebenszyklus zeigen – in der Nutzungsphase –, sind sichtbarer und daher werden die Auswirkungen von Problemen in der Endphase stärker wahrgenommen. Deshalb hatte die Umweltbewegung ihre Wurzeln richtigerweise in der Bemühung, Verschmutzung zu reduzieren und zu regulieren. Die Auswirkungen von gefährlichen Pestiziden oder Feinstaubemissionen sind viel leichter zu erkennen als die Fehler im Design, die erst zu diesen Problemen geführt haben. Umweltschutz in den anfänglichen industriellen Prozess zu integrieren – wenn Design und strategische Ziele noch in der Ideenfindung stecken –, ist nicht nur viel komplexer, sondern erfordert auch Methoden, die im Großen und Ganzen schwer zu verstehen sind. Weiterhin erfordert dies einen stärkeren Fokus auf *zukünftiges* Wachstum und Nachhaltigkeit als auf kurzfristigen Gewinn.

Heute, wo sich die Vereinigten Staaten von Amerika anderen Nationen anschließen und ein Umdenken hin zu umweltfreundlichen Technologien stattfindet, müssen Designer und innovative Wirtschaftslenker ihren Fokus auf die für sie umsetzbaren Veränderungen richten. Um diese Veränderungen zu realisieren, müssen wir den Beweis erbringen, dass »grüne« Industriestrategien zu besseren Unternehmen führen – und zu weiteren ökologischen Verbesserungen, nach denen Unternehmen so begierig suchen.

Um die strategischen Möglichkeiten für eine umweltfreundlichere Industrieproduktion in dem heutigen weltweit vernetzten Wirtschaftsumfeld zu erkennen, lassen Sie uns alle vier Phasen des industriellen Produktlebenszyklus anschauen und definieren, wie sie sich z. B. auf Elektronikprodukte anwenden lassen. Im Wesentlichen umfasst jede dieser Phasen Folgendes:

Phase 1 – Entstehung des Produkts: Strategie und Design

Phase 2 – Produktion: Materialverwendung, Energieverbrauch, Schadstoffausstoß

Phase 3 – Verwendung: Materialverbrauch, Energieverbrauch, Schadstoffausstoß

Phase 4 – Recycling: Wiederverwendung von Materialien, Entsorgungsmanagement

Die effektivste Gelegenheit zum ökologischen Eingreifen bietet sich uns in Phase 1, wo wir Strategien entwerfen können, mit denen wir Umweltverschmutzung und Abfall reduzieren oder gar vermeiden, bevor auch nur ein Cent in Materialien oder physischen Ressourcen investiert wurde. Um diese Gelegenheit ergreifen zu können, braucht man aber weitsichtige und innovative Geschäftsmodelle. Das heißt, wir müssen auf pro-aktivere, weniger verschwenderische und sozial ethischere Ansätze der industriellen Planung, Fertigung, Verwendung und Wiederverwendung drängen. Wir müssen geschickter sein und besseres mit weniger schaffen. Wir bei frog haben gemeinsam mit Designern und Wirtschaftslenkern auf der ganzen Welt ein paar Konzepte zum Erreichen dieser Ziele entwickelt. Lassen Sie uns einen Blick auf einige dieser Konzepte werfen.

Grüne Geschäftsstrategien entwickeln

Selbstverständlich wird kein Unternehmensleiter ohne vernünftige wirtschaftliche Gründe seine Strategie ändern. Die gute Nachricht – wenn es in den Zeiten des aktuellen weltweiten wirtschaftlichen Umbruchs überhaupt eine gibt – ist, dass dieser Wandel den Zusammenbruch der meisten Niedrigkosten-Strategien und ihres giftigen, langweiligen Ausstoß sinnlosen Konsum-Schrotts, den niemand braucht oder will, beschleunigt hat. Die wachsende Sorge um die Arbeitssicherheit und Rechte der Beschäftigten in Regionen wie China, Indien, Südostasien und Osteuropa hat zudem die finanziellen Aussichten auf Strategien, die ausschließlich auf billiger Arbeit beruhen, getrübt. Rückrufe von Millionen giftbelasteter, in China hergestellter Kinderspielzeuge und Enthüllungen über Melamin, das Tierfutter und Säuglingsnahrung als Füllstoff beigemischt wurde, hat eine weitere Gegenreaktion auf »billige« Güter ausgelöst, die in diesen Fällen sogar Leben gekostet haben.

Wal-Mart, Fisher-Price und andere größere Einzelhändler überprüfen ihre Unternehmensstrategien und kehren den Trend hin zu Regalen, die einfach nur mit billigen, giftbelasteten Importwaren vollgestopft werden, um. In verschiedenen Interviews erläuterte Gerald Storch, Vorstand und CEO von Toys-'R-US und einer der erfolgreichen Gründer der Target-Läden, detailliert, was Einzelhändler und Industrie tun, um Spielzeuge sicherer zu machen. Er betonte auch, dass grüne Produkte sich im Jahr 2007 gut verkauften, »obwohl noch nicht viele auf dem Markt waren«. Er erwartet in den nächsten Jahren eine dramatische Ausweitung »grüner« Produkte.

Wir brauchen einen Paradigmenwechsel für alle globalen Verbraucherunternehmen – und insbesondere für die amerikanische Industrie. Damit es zu diesem Paradigmenwechsel kommt, müssen wir die neuen Herausforderungen, vor denen wir stehen, annehmen und als Gelegenheit für positive Veränderung nutzen. Das heißt, wir werden unsere professionellen Ziele in der strategischen Anfangsphase des industriellen Prozesses weiterentwickeln, aber wir werden auch unsere Ethik verbessern müssen. Als Designer *und* Verbraucher müssen wir aufhören, umweltschädliche Industrien und Unternehmen zu unterstützen, und unser eigenes ökologisches Schicksal aktiv in die Hand nehmen.

Als kreative Strategen und Designer sollte es unser Ziel sein, das grüne Denken in den Unternehmen, mit denen wir zu tun haben, zu fördern und Konzepte zu entwerfen, die unseren Kunden helfen können, mit ökologisch sinnvollen Initiativen langfristigen und nachhaltigen Erfolg zu erzielen. Diese Art Design-bestimmte grüne Revolution mag nach Wunschdenken klingen, aber sie kann funktionieren und funktioniert sogar – denn es gibt bereits verschiedene erfolgreiche Modelle, die dies beweisen.

In den 1990er-Jahren begann Deutschland mit dem Aufbau eines effektiven Recycling-Programms, um wertvolle natürliche Ressourcen zu bewahren, und daraus ist ein äußerst positives und rentables Unternehmen geworden, was spätestens dann als bewiesen galt, als Kohlberg Kravis Roberts & Co. (KKR) – führend im Bereich »Private Equity« und Mehrheitsaktionär von frog's gegenwärtiger Muttergesellschaft Aricent – Deutschlands größtes Recycling-Unternehmen *Der Grüne Punkt* erwarb. Zur gleichen Zeit lancierte Deutschland einen größeren Werbefeldzug zur Förderung nachhaltiger Technologien mittels staatlicher Investitionen in saubere Technologieunternehmen. Viele dieser Unternehmen sind in der ehemaligen DDR ansässig, sodass die Investition in diese Industriezweige auch zum Erfolg der Wiedervereinigung beitrug.

Angela Merkel hat Ressourcen-Schonung zur Chefsache gemacht. Infolgedessen entwickelt und fördert die deutsche Wirtschaft grüne Technologien und Verfahren, was wiederum zu neuen grünen Industriezweigen und neuen Geschäftsmöglichkeiten führt. Deutschland ist inzwischen weltweit führend in den Bereichen Herstellung, Vertrieb, Installation und Nutzung von Photovoltaik (PV) beziehungsweise Solarzellen. Die Regierung geht auch gegen das teilweise engstirnige Denken der überaus mächtigen heimischen Automobilindustrie vor, indem sie die Verantwortlichen zu ökologischem Denken und Handeln motiviert. (Der Druck der Hauptexportmärkte wie Kalifornien liefert dafür starke Argumente.) Als einen ersten Schritt hat die Regierung die Städte ermächtigt, umweltschädliche Pkw, insbesondere solche mit alten und filterlosen Dieselmotoren, aus den Innenstädten zu verbannen. Infolgedessen werden deutsche Autobauer bei der Entwicklung (und dem anschließenden Erfolg) grüner Automobiltechnologie auch hier eine Pionier-Rolle einnehmen.

Lassen Sie uns nun diesen Erfolg mit dem Experiment der USA mit derartigen Umweltgesetzen und den wirtschaftlichen Möglichkeiten, die sie bieten, vergleichen. Und dazu kehren wir zu der Geschichte der amerikanischen Automobilindustrie und ihrer Reaktion auf Kaliforniens Suche nach emissionsfreien Fahrzeugen (Zero Emission Vehicles) zurück. 1990 verabschiedete die kalifornische Umweltschutzbehörde California Air Resources Board eine Regelung, derzufolge jedes Jahr von 1998 bis einschließlich 2003 steigende Prozentsätze von im Staat Kalifornien verkauften Pkw schadstofffrei sein mussten. Anstatt dies als wunderbare Gelegenheit zur Schaffung eines neuen Marktes für eine wegweisende Innovation zu erkennen, protestierten General Motors, Ford und Chrysler (die großen Drei) vehement gegen diese Maßnahme und erhielten letztlich Unterstützung von der Bundesregierung (besonders unter der Regierung George W. Bush). Letztendlich wurde das Gesetz auch mithilfe von »Special Interest«-Bestechungen so aufgeweicht, dass es in der Bedeutungslosigkeit verschwand. Infolgedessen kam die technologische Innovation im Bereich der schadstofffreien Fahrzeuge zum Stillstand und die amerikanischen Autobauer produzierten einfach weiterhin dieselben benzinfressenden Designs, die die Luft verpesten, zum Treibhauseffekt beitragen und Konflikte mit den ölreichen Ländern in Übersee verstärken.

Wie ist die Rechnung also für die Autobauer aufgegangen, die die strategische Entscheidung getroffen haben, den grünen Zug an sich vorbeifahren zu lassen? Bill Ford bemühte sich sicherlich um ökologisch verantwortungsvolle Veränderungen, unter anderem mit seinem »grünen« Projekt zum Umbau des Rouge-Industriekomplexes in Dearborn, Michigan, in Kooperation mit dem Umweltarchitekten William McDonough. Er beauftragte außerdem frog mit dem Design des Elektro-Stadtautos und seinen digitalen Navigationselementen. Er beabsichtigte, dem Elektro-Auto mit seinem Ford TH!NK-Projekt den Weg zu bereiten, aber bedauerlicherweise war das Unternehmen nicht in der Lage, für den kulturellen Wandel zu sorgen, der für das Design und die Markteinführung eines solch revolutionären Produktes erforderlich gewesen wäre. Das TH!NK-Projekt verkam zu einem jämmerlichen Reinfall. Am Ende war es kaum mehr als ein besserer Golfcart. Ford verkaufte das TH!NK-Projekt und sein geistiges Eigentum an die norwegische

Firma Kamcorp, und dieses Unternehmen macht mit dem Projekt nun gute Fortschritte. Es werden große Hoffnungen auf die Ergebnisse gesetzt, insbesondere angesichts der neuen Notwendigkeit eines niedrigen Kraftstoffverbrauchs und eines reduzierten Schadstoffausstoßes.

Letzten Endes musste Bill Ford jedoch seinen Platz räumen, und 2006 leitete Alan Mulally, der ehemalige CEO von Boeing, eine weitere »Kehrtwende« ein. Dabei erbte er allerdings einige Probleme. Ford produzierte weiterhin den Explorer SUV, einen Geländewagen, dem verschiedene Sicherheitsmängel unterstellt wurden. Außerdem besaß das Unternehmen, das Mulally erbte, eine Reihe europäischer Luxusmarken, die alle bis auf eine (Volvo) laut vieler Fachleute bereits auf dem absteigenden Ast waren. Mulally machte mit seinem Versuch, diese Marken in das Ford-System zu integrieren, unermüdlich weiter, anstatt einige seiner europäischen Fertigungsgruppen als Innovationslabor für Entwicklung und Erforschung neuer Technologien zu nutzen. Die Marke Volvo – bekannt für ihre Qualität und Sicherheit – wäre ein glaubwürdiger Vorreiter für umweltfreundliche Mobilität gewesen. Aston Martin hätte ein Modell mit einem brennstoffzellenbetriebenen Motor entwickeln können – und damit einen genialen Coup hinlegen können. Stattdessen waren diese europäischen Erwerbungen mehr oder weniger rausgeworfenes Geld, was Mulally in einer Anhörung vor dem US-Kongress im November 2008 einräumen musste, als Pläne zur Rettung der Automobilbranche debattiert wurden.

Zu guter Letzt fuhr Chrysler auf der unternehmensinternen »DaimlerChrysler«-Achterbahn. Diese Fusion lief von Anfang an schief – mit anderen Worten bereits in den Anfangsstadien von Strategie und Planung. Deutsche und amerikanische Konstruktionsverfahren und Unternehmensprozesse sind verhältnismäßig inkompatibel, und kein an der Fusion Beteiligter entwarf eine Strategie zur Überbrückung dieser kulturellen und betrieblichen Unterschiede. Daimler-Benz und sein Vorstand waren im Hinblick auf die mit der Chrysler-Fusion verbundenen Risiken und Kosten mehr als naiv. Und Chrysler's Robert Eaton war einfach auf der Suche nach einem sicheren Hafen für ein Unternehmen, das seine Rentabilität erfolgreich gehalten, aber weder Zukunftsstrategie noch Zukunftsziele hatte. Natürlich hätte man das nicht wissen können, wenn man Jürgen Schrempp von Daimler-Benz zuhörte, der zu dem Fernsehsender CNN voller Begeisterung über die Fusion sprach: »*Heute erschaffen wir das weltweit führende Automobilunternehmen für das 21. Jahrhundert. Wir kombinieren die beiden innovativsten Automobilunternehmen der Welt.*« Fehlende Strategie, schlecht durchdachte Verfahrensfragen und ein vollkommenes Fehlen von Kreativität oder Innovation verdammten diese Fusion und warfen einen schwarzen Schatten auf die Zukunft des Unternehmens.

Die Fusion löste Chrysler's Probleme nicht. Seine Fahrzeuge waren nach wie vor zu groß, hatten einen zu hohen Kraftstoffverbrauch und waren zu weit von den Wünschen der heutigen Käufer entfernt. Wiederum bot sich dem Unternehmen die Gelegenheit, einen kleinen Schritt ins 21. Jahrhundert zu wagen. Im Jahr 2003 wurde frog damit beauftragt, eine experimentelle Innenausstattung für einen Pick-Up (Kleinlaster) unter der Marke Dodge zu entwerfen. Wir entwickelten einige innovative Ausstattungsmerkmale, die das Fahren sowohl sicherer als auch spaßiger gemacht hätten, unter anderem mit einer Lkw-Pritsche, welche die Besitzer leicht für Tailgate-Partys (Parkplatz-Partys z. B. vor Sportveranstaltungen) zu einem kleinen Pavillon umbauen konnten, und einem digitalen Mediensystem, das es den Fahrern und Beifahrern ermöglicht hätte, die neuen Medientechnologien voll zu nutzen. Obwohl unser Konzept voll und ganz auf der Linie der unternehmenseigenen Anwenderforschung lag, die ergab, dass die Leute mit der Innenausstattung und der langweiligen Funktionalität des Dodge Pick-Up nicht glücklich waren (manche bezeichneten ihn als »zweckmäßigen Stimmungskiller«), machten wir das Rennen nicht. Und der Absatz des Dodge Pick-Up geht weiterhin immer stärker zurück.

Als Jürgen Schrempp im Jahr 2005 dann endlich abtrat, ließ er ein Unternehmen zurück, dessen Aktien nur halb so viel wert waren wie vor der Fusion, und weitere 80 000 Arbeitslose als direkte oder indirekte Folge seines unglaublichen Missmanagements. 2007 verkaufte Daimler-Benz, das Chrysler ursprünglich für 36 Milliarden Dollar gekauft hatte, 80 Prozent des Unternehmens für 7,4 Milliarden Dollar an das »Private Equity«-Unternehmen Cerberus Capital Management. Damit dieses Geschäft überhaupt zustande kommen konnte, zahlte Daimler Cerberus etwa 650 Millionen

Dollar in bar für »dazugehörige Verbindlichkeiten«. (Inzwischen ging Chrysler durch eine Insolvenz-Reorganisation mit FIAT und der USA als Mehrheitseigner.) Alles in allem kosteten die Fusion, das Missmanagement und die Auflösung der Fusion die Aktionäre von Daimler knapp 30 Milliarden Dollar. Man stelle sich vor, was für einen Fortschritt in grüner Technologie Mercedes-Benz – Daimler's Star-Marke – mit nur einem Bruchteil dieser 30 Milliarden Dollar hätte machen können.

Aber aus dieser ganzen Katastrophe entwickelten sich auch gute Nachrichten. Ökologisch-motivierte Innovation – wie energiesparende oder schadstofffreie Fahrzeuge – machen jetzt wirtschaftlich Sinn. GM Europa – inzwischen leider auch ein Spielball zwischen GM und der deutschen Regierung mit verschiedenen Bietern – beschleunigte seine Anstrengungen, eine Produktlinie von brennstoffzellenbetriebenen Pkw auf den Markt zu bringen, und begann mit dem öffentlichen Test seiner vierten vorseriellen Generation. GM ließ außerdem sein Konzept eines vollelektrischen Fahrzeugs wiederaufleben, ein Projekt, dem das Unternehmen schon frühzeitig in seiner Entwicklung des EV1 einmal den Todesstoß versetzt hatte. Wenn alles wie geplant verläuft, wird der »Volt« Fahrern 2010 oder 2011 zur Verfügung stehen, sofern genug sichere Lithium-Ionen-Batterien verfügbar sind – eine Bedingung, die ihre eigenen Herausforderungen mit sich bringt.

Ganz gleich, wie man es nimmt, alle drei US-Autobauer sind als Unternehmen gescheitert, weil sie es versäumt haben, einen innovativeren und kreativeren Geschäftsansatz für ihre Unternehmen und Produkte zu entwickeln. Anstatt ihren Kunden Produkte von höherer Qualität, besserer ökologischer Nachhaltigkeit und verbesserter Sicherheit – drei nachweisliche Elemente für langfristigen finanziellen Erfolg – zu bieten, erlagen die »Großen Drei« zynischen Kompromissen, veralteter Technologie und überholten Konzepten. Sie scheiterten als Unternehmen, weil ihre Unternehmensleiter es als Strategen versäumten, auf die wachsende und weltweit offenkundige Nachfrage nach umweltfreundlicheren und nachhaltigeren Produkten zu reagieren.

Den ökologischen Belastungsfaktor neuer Produkte und Technologien überwachen

In jeder Branche erfordert die Ausgestaltung solider ökologischer Strategien und Designs die entscheidende Leadership-Fähigkeit der Voraussicht. Wir müssen uns nicht nur ausmalen, was Menschen mit einem neuen Produkt tun und erleben werden, sondern müssen auch darstellen, was die Massenproduktion, Verwendung und Wiederverwendung dieses Produktes letztlich für die Umwelt bedeuten werden. Darüber hinaus müssen wir verstehen und kommunizieren, was die Umsetzung von systemischen, technologischen Innovationen für die Gesellschaft und den Menschen bedeuten. Betrachten Sie zum Beispiel die Auswirkungen der Ausbreitung von Atomkraftwerken. Welche potenziellen Gefahren gehen mit ihrem Betrieb einher? Lässt sich mit letzter Sicherheit kontrollieren, wie diese Kraftwerke mit ihrem Potenzial zur Plutoniumanreicherung von den sogenannten Schurkenstaaten verwendet werden könnten? Diese Fragen bedürfen zwingend einer Antwort, wenn wir diese Technologie sicher als alternative Energiequelle weiterverfolgen wollen. Und wir müssen uns diese Fragen immer im Hinblick auf jede Technologie, jedes hergestellte Produkt und jeden Herstellungsprozess stellen.

Zu unseren Lebzeiten mag das Internet als die Technologie gelten, die die Gesellschaft am stärksten beeinflusst hat, und es liefert ein Paradebeispiel dafür, wie komplex die Auswirkungen von neuen Produkten oder Technologien auf die Umwelt sind. Aufgrund seiner Fähigkeit, Kommunikationsschranken zu überwinden, hat das Internet den weltweiten Handel sowohl positiv als auch negativ beeinflusst. Mit der Erleichterung des weltweiten Handels hat das Internet das Outsourcen leichter gemacht, was zu einem vernichtenden Wettbewerb für kleine Einzelhandelsunternehmen geführt und die Zentren etlicher Kleinstädte in Geisterstädte verwandelt hat (ganz zu schweigen von der Tatsache, dass die steigende weltweite Fertigung das Ausmaß der Ressourcenverwendung, der Industrieabfälle und des Konsumgütermülls dramatisch gesteigert hat). Andererseits hat das Internet auch die Kommunikation über große Entfernungen hinweg erleichtert und die Informationsbeschaffung und weltweite Zusammenarbeit verbessert, und in genau diesen Fortschritten liegt möglicherweise der Schlüssel zu den Antworten auf die individuelle und industrielle Abfallvermeidung. Diese Fähigkeit hat die wissenschaftliche Bewertung und Überwachung der industriellen Produktion für immer verändert. Das wissenschaftliche Überwachen von Produkten und Technologien begann in den USA. Von 1972 bis 1995 handelte es sich bei dem *Office of Technology Assessment* (OTA) um eine überparteiliche analytische Behörde, die den Kongress in all denjenigen zunehmend komplexen und hochtechnischen Fragen unterstützte, die Auswirkungen auf die amerikanische Gesellschaft haben könnten. Der erste Auftrag des OTA war beispielsweise die Untersuchung der Auswirkungen des Pestizids Dichlordiphenyltrichloräthan (DDT). Der US-Kongress schuf dieses Amt, weil er qualifiziertere Informationen und ganzheitliche Prognosen für Zukunftstechnologien wünschte, bevor er eine Entscheidung für das übergeordnete Wohl des Landes traf. Das OTA existiert nicht mehr (nachdem es geschlossen wurde, übernahm die Universität Princeton die notwendige Forschungstätigkeit), aber seine ursprünglichen Ziele bieten einen guten Ansatzpunkt, um zu erforschen, wie wir als Designer und leitende Strategen ökologische Werte in unserer Arbeit umsetzen und damit zur Reduktion der negativen Auswirkungen neuer Technologien und ihrer Entwicklung auf die Umwelt beitragen können. Heute ist Deutschland weltweit führend in der Erforschung der Auswirkungen von Technologie auf Natur und Gesellschaft. Die Bundesregierung hat ein überparteiliches Büro für *Technikfolgen-Abschätzung (TA)* beim Deutschen Bundestag eingerichtet. In ihren Leitlinien beschreibt die Organisation ihre entscheidende Rolle wie folgt: »*Durch Analyse und vorausschauendes Abwägen von Chancen und Risiken – einschließlich eventueller, unbeabsichtigter Begleiterscheinungen, die eine neue Technologie für die Gesellschaft und Umwelt mit sich bringt, trägt die TA zur Gestaltung, Beratung und Steuerung von technologischen Entwicklungen bei.*«

Bei der technologischen Überwachung werden zahlreiche gesellschaftliche und umweltpolitische Fragen berücksichtigt. TA-Forscher untersuchen, wie neue Technologien entstehen und betrachten die dafür relevanten Auslöser. Maßnahmen zur Verbesserung der Flugsicherheit und die bionische Überwachung großer Menschenmengen resultieren nicht zuletzt aus der Bedrohung durch terroristische Kräfte. Und der aktuelle Wettlauf um neue, umweltverträglichere Energien wird ebenfalls durch den Sicherheitsgedanken forciert – zum Einen, da das Gros unserer Ölimporte aus Ländern stammt, deren Demokratieverständnis bislang noch in den Kinderschuhen steckt, zum Anderen aufgrund zunehmenden Umweltbewusstseins. Durch Überwachung der sozialen und ökologischen Auswirkungen der Technologien, die wir für das Design unserer Produkte und Verfahren nutzen, können wir Unternehmen, ihren Aktionären und ihren Kunden bessere Produkte, höhere Gewinne und Wertsteigerungen bieten.

Ein ELF-Rating System umsetzen

Als Designer, kreative Berater und Unternehmensstrategen unterstützen wir Unternehmen maßgeblich dabei zu erkennen, wo »grüne Chancen« liegen. Und durch die Integration grüner Strategien in die Anfangsphasen des Produkt- und Prozesslebenszyklus, können wir alle vier Zyklusphasen besser managen. Wir können eine strategische Umgebung kreieren, in der eine beinahe 100-prozentige Gedankenfreiheit in der allerersten Planungsphase möglich ist. Wir können mit diesem Prozess beginnen, indem wir die Materialien sorgfältig beurteilen, die zur Herstellung gängiger Technologieprodukte verwendet werden, um ihren, wie ich es nenne, »*ökologischen Belastungsgrad*« *(Ecological Load Factor oder ELF)* zu bestimmen. Zusätzlich zum Messen der Auswirkungen eines Produktes auf die Umwelt, werden bei ELF-Ratings auch die emotionalen Auswirkungen des Produktes auf den Verbraucher gemessen, wobei wir von der Annahme ausgehen, dass Verbraucher gerne Produkte besitzen und benutzen, die die Umwelt nicht verschmutzen bzw. auf andere Weise umweltverträglich sind.

Durch Hinzufügen des Elementes der »industriellen Ökologie« zum Produktlebenszyklus – ein Element, das die Wahrheit unterstreicht, dass Abfall immer zu Lasten des Gewinns geht – wird ein solider ELF-Prozess die Art und Weise verändern, wie wir Produkte gestalten und produzieren und wie wir sie vermarkten, kaufen, verwenden und entsorgen. Interne Marketingbemühungen müssen an dieses neue Paradigma angepasst werden, beginnend mit einer

Bewegung weg vom passiven Massenmarketing und Absatz hin zu persönlicheren Kundenbeziehungen, bei denen die Dienstleistungen sowohl im Hinblick auf ihre Bedeutung als auch im Hinblick auf die Einnahmen an die Stelle der realen Verkäufe treten. ELF-Ratings werden die Verbraucher auch zum Kauf eines Produktes oder in ihrer Entscheidung es zu benutzen bestärken, sie dafür belohnen oder sanktionieren. Ein Produkt, das möglicherweise auf dem Marktplatz von heute als »cool« oder »guter Kauf« betrachtet wird, bekommt möglicherweise eine völlig andere Bewertung, wenn die Verbraucher seine nicht-so-gute ELF-Performance erkennen (und dafür zahlen müssen). Und dieses Ergebnis wird sich auf die Einnahmen des Unternehmens und die Umwelt auswirken.

Das Konzept, den ELF zu messen, ähnelt dem Konzept der Ökobilanz (Life Cycle Assessment oder LCA). In diesem Prozess versuchen Unternehmen die Herkunft eines Materials genau zu bestimmen, wie es zur Fertigungsstätte gelangt, wie es im Fertigungsprozess verwendet wird und was am Ende seines Lebens aus ihm wird (Recycling, Wiederverwendung oder Abfall). Aufgrund der Kosten in jeder dieser Phasen erhält das Produkt einen LCA-Punktwert zwischen 1 und 100, wobei ein niedrigerer Punktwert geringeren Kosten entspricht. Wie LCA-Ratings, so rangieren auch ELF-Ratings zwischen 1 und 100, aber dieser Punktwert würde auch die Beurteilung des emotionalen Wertes des Produktes für den Verbraucher widerspiegeln. Je niedriger der ELF-Punktwert, desto umweltfreundlicher und emotional befreidigender würde ein Produkt bewertet.

Selbstverständlich ist dieses Rating-System bisher nur ein Vorschlag. Die Aufgabe für strategisch-kreative Berater und ihre kooperierenden Unternehmen ist es, die Werkzeuge bereitzustellen, mittels derer das ELF-Punktesystem effektiv und objektiv wird. Es wird weiterhin lebenswichtig sein, eine Art *ökologisches Belastungsgrad-Punktesystem* in Datenbanken zu integrieren, damit Unternehmensstrategen, Designer, Konstrukteure, Hersteller, Käufer und Verbraucher jederzeit und überall einen umfassenden Zugang zu relevanten Informationen über bestimmte Produkte und Verfahren erhalten.

Eine weitere Herausforderung für solche Anstrengungen wie ELF ist es, einen Weg zu finden, wie man Bewertungsrichtlinien festlegt, veröffentlicht und verwaltet, damit sie eine standardisierte Metrik widerspiegeln und relevante finanzielle Auswirkungen haben können. Meiner Meinung nach gibt es bereits viele gute Systeme, die eine Vielzahl von Elementen im Fertigungsprozess einstufen: Die ISO 9000 zum Beispiel legt Standards für die Qualität und Beschaffenheit von Produkten, Dienstleistungen und Verfahren fest; die DIN (Deutsche Industrie-Norm) für die Einhaltung funktionaler und qualitativer Standards; der TÜV (Technischer Überwachungs-Verein) für die Erfüllung gewisser Recyclingbestimmungen. In Nordamerika bewertet das Energy Star-Programm die Geräteeffizienz, und die amerikanischen UL-Standards garantieren die Sicherheit und Robustheit elektrischer Produkte. Und Organisationen wie Skryve (www.scryve.com) und Vanno (www.vanno.com) haben erste Anstrengungen unternommen, ein Rating-System zur Messung des ökologischen Verantwortungsbewusstseins eines Unternehmens und der Nachhaltigkeit seiner Produktmodelle bereitzustellen.

Mit anderen Worten, obwohl das Erstellen globaler ELF-Rating-Standards, Berichts- und Überwachungspraktiken ein größeres Unterfangen darstellt, so ist es doch möglich. Und die Ergebnisse für Hersteller, Verbraucher und die Umwelt können gewaltig sein. Wir werden später in diesem Kapitel noch darüber und über andere Herausforderungen sprechen. Zunächst werden wir uns näher damit beschäftigen, wie die ELF-Standards sich auf den Produktlebenszyklus auswirken können, und einige Strategien erforschen, um diese Standards einzusetzen – jetzt gleich.

Warum warten? ELF-Strategien weiterverfolgen

Wir müssen nicht auf ein offizielles Rating-System warten, um mit der Verbesserung des *ökologischen Belastungsgrads (ELF)* unserer Produkte und Prozesse beginnen zu können. Und eine Möglichkeit, wie strategisch-kreative Berater ihren Kunden helfen könnten, Wettbewerber in diesem Prozess zu überflügeln, besteht darin, konvergente Technologien in ihre Designs zu integrieren. Der Markt hat bereits gezeigt, dass Verbraucher an Produkten interessiert sind, die kombinierte Verwendungsmöglichkeiten, Marken und Strategien bieten – man denke zum Beispiel an das Mobiltelefon, das eigentlich ein Computer mit einem minimierten Display und einer entsprechenden Schnittstelle ist. Mit verschiedenen modularen Sensoren lässt sich diese Art von multifunktionalem Gerät um persönliche Sicherheitsmerkmale, medizinische Überwachung und jede beliebige Anzahl anwenderorientierter Features erweitern. Neben Einsparungen bei Ressourcen, Kosten und Material wird die Überlegenheit eines strategischen Ansatzes, der sich an konvergenten Technologien orientiert, zu einer besseren Nutzungsquote dieser Technologie, zu besserer Funktionalität und einer universelleren Anschlussmöglichkeit im virtuellen »Back-End« führen.

Hightech Produkte verstärkt nach dem Baukastenprinzip zu gestalten, ist eine weitere Möglichkeit für einen strategisch-ökologischen Ansatz in Design und Herstellung. Um nicht ein ganzes Produkt wegen eines Funktionsfehlers an einer seiner kleineren Komponenten ausrangieren zu müssen, sollten unsere Produkte funktionale Teile haben, die individuell aktualisiert und aufgerüstet oder ersetzt werden können. Das ist natürlich keine radikal neue Idee. Noch vor wenigen Jahrzehnten fand man beinahe überall Reparaturwerkstätten für Elektrogeräte, bevor der allgemeine Grundtenor lautete, dass es »billiger« wäre, alles, was defekt oder auch nur etwas aus der Mode gekommen war, auf den Müll zu werfen.

Dieses modulare Prinzip ist auch ökologisch (und ökonomisch) sinnvoll, weil viele Bausteine – insbesondere solche von digital-analog konvergenten Produkten – ein anderes Lebenszyklus- und Innovationspotenzial haben. Nehmen wir zum Beispiel medizinische Produkte: Die physikalischen Elemente – Gehäuse, Drähte und so weiter – können fünf bis zehn Jahre »leben«, aber die digitalen Elemente müssen eventuell alle 18 Monate auf den neuesten Stand gebracht werden, damit sie nicht überholt sind. Weiterhin wurden bis vor kurzem beinahe alle medizinischen Produkte als integrale analog-digitale Konzepte entworfen. Aber neuere Produktdesigns, besonders in der diagnostischen Ausrüstung, trennen die Komponenten, die für das Aufnehmen von Messdaten verantwortlich sind, und die Datenverarbeitung voneinander, sodass individuelle Elemente bei Bedarf aktualisiert werden können. Es gibt keinen vernünftigen Grund, warum Produkte wie Music Player oder Mobiltelefone nicht dasselbe update-fähige Design bieten sollten.

Wir können durch aktualisierbare und aufrüstbare Designs enorme ökologische Vorteile erreichen. Auch wenn mein iPhone oder mein BlackBerry konvergente und nützliche Geräte sind, so sind sie nach den modernsten Standards zum vollständigen Abbau noch nicht recycelbar. Gleiches gilt für die billigeren Handys. Jedes Jahr werden etwa eine Milliarde Geräte produziert und jedes Jahr werden knapp 600 Millionen Telefone weggeworfen – die meisten allein in den Vereinigten Staaten – der Rest liegt zuhause in Schubladen. Das bedeutet, dass Telekommunikationsgesellschaften ebenso wie Telefonproduzenten – und Nutzer – für eine große Menge an umweltschädlichem Müll verantwortlich sind. Diese Altlasten werden für einige Unternehmen zu einer Geldfrage. In Europa fordert beispielsweise die Europäische Union von Herstellern und Verkäufern die Rücknahme von Produkten, die die neuen und strengen Normen für *Demontage* nicht erfüllen. Andere Länder könnten diese Art der Gesetzgebung ebenfalls anwenden. Aber in der Zwischenzeit kann jedes einzelne Unternehmen damit beginnen, eigene Schritte zur Steigerung der technischen Modularität und damit der Senkung des ELF-Ratings neuer Produkte zu unternehmen.

Eine andere Möglichkeit, den Schritt zum Design von Produkten mit niedrigen ELF-Ratings zu erleichter, besteht darin, den Ressourcenverbrauch auf der ganzen Linie zu verringern – in Fabriken, beim Transport, in der Logistik, im Vertrieb, beim Gebrauch, bei der Reparatur und beim Recycling. Dies ist eine ökologische Herangehensweise an Strategie und Design, die sowohl für Hersteller als auch für Konsumenten wirtschaftlich sinnvoll ist. Die Verbraucher sind sich heute mehr denn je der Bedeutung ökologisch verantwortungsvoller Produkte und Produktionsmethoden bewusst. Wenn man den Verbrauchern ermöglicht, Produkte mit einem niedrigen ELF-Rating zu wählen, macht man sie zu einem Teil der Lösung zur Reduktion des Treibhauseffektes und der Umweltverschmutzung und bietet ihnen ein lohnenderes und emotional ansprechenderes Konsumerlebnis.

All diese Methoden sind umsetzbar, aber wie bereits gesagt, kann man eine ökologische Strategie nur mit einer aufgeschlossenen Geisteshaltung und der Bereitschaft, den Umweltgedanken in die frühe Designphase der Produktentwicklung einzubauen, umsetzen. Damit kann man Veränderung und Rentabilität im gesamten Kreislauf, einschließlich Vertrieb, Verwendung und Wiederverwendung oder Recycling des Produkts betreiben. Diese Veränderungen bieten effiziente Marketing- und Vertriebs-Werkzeuge, die weit über den zuweilen unvertretbaren und unproduktiven »Auf-Biegen-und-Brechen«-Ansatz hinausgehen, der den Markt mit vielen verschiedenen Versionen desselben alten Zopfes verstopft.

Die Herausforderungen einer grünen Strategie überwinden

Ein neues Unternehmensparadigma aufzubauen ist ein großes Ziel, aber glücklicherweise ist es genau die Herausforderung, die die menschliche Ratio anspricht. Trotz unseres nicht zu leugnenden Triebs zur Selbsterhaltung – und Eigenwerbung – lieben wir es, uns zusammenzuschließen, um neue Dinge zu erschaffen.

Neue Strategieansätze für Unternehmen und industrielle Fertigung zu entwerfen und umzusetzen ist keine leichte Aufgabe, aber der Antrieb, gemeinsame Lösungen zum Erreichen gemeinsamer Ziele zu finden, hat sich für alle Gesellschaften zu allen Zeiten bewahrheitet. Alle potenziellen ökologischen Folgen der Produktion und Verwendung eines Produktes zu verstehen und zu mildern, ist ein komplexes Vorhaben. Infolgedessen stehen Hersteller beim Umsetzen ökologischer Überlegungen in ihrem Geschäftsmodell vor besonders großen Herausforderungen – Herausforderungen, die innovative Lösungen verlangen.

Das Geldmotiv nutzen

Wir Menschen hängen am Geld, umso schwieriger gestaltet es sich, den Wunsch nach »billigen« Lösungen auszublenden – eine entscheidende Herausforderung für Unternehmen, die versuchen, grüne Strategien umzusetzen. Folglich sind sie gefordert, zuerst die potenziellen Kosten und Vorteile einer jeden »grünen« Initiative abzuwägen. Zum Verständnis der Komplexität dieses Prozesses gehe ich im Folgenden auf das Beispiel der Hybridfahrzeug- und Elektroautoindustrie ein.

Wenn man sich die Bauteile des Toyota Prius oder des Tesla Roadster anschaut, wird offensichtlich, dass diese Fahrzeugmodelle nicht ganz so »grün« sind, wie man es vielleicht erwartet. Die Batterien von Prius und Tesla basieren auf einer der »schmutzigen« Technologien, Herstellung und anschließendes Recycling bergen mithin zwangsläufig umweltschädigende Risiken. Zwar ist der ELF dieser Pkw wegen ihrer reduzierten Treibhausgasemissionen immer noch überzeugender als der konventioneller Fahrzeuge, dennoch hat der Toyota Prius einen Benzinmotor und der elektrobetriebene Tesla benötigt eine Steckdose zum Aufladen. Und Elektrizität ist bei weitem nicht so »sauber«, wie manche Menschen denken. Zahlreiche Stromkraftwerke werden mit Kohle betrieben – und Sie dürfen getrost alles vergessen, was Ihnen jemals jemand über »saubere Kohle« erzählt hat. Angesichts der Sprengung ganzer Gebirgsketten der Appalachen, um an diese Energiequelle zu gelangen, und der daraus folgenden Wasser-, Luft- und Bodenverschmutzung (ganz zu schweigen von dem Verlust von Heimat und Habitat) ist nichts an Kohle – oder der von ihr erzeugten Energie – sauber. Und der ELF von Atomkraftwerken ist angesichts der Gefahr atomarer Katastrophen und des unvermeidlichen Problems des Atommülls auch nicht überwältigend.

Wie steht es also mit Brennstoffzellen? Brennstoffzellen sind drei Mal so leistungsstark wie Verbrennungsmotoren, und ohne jegliche Kohlendioxidemissionen ist diese Technologie beinahe zu gut, um wahr zu sein. Jeder größere Automobilbauer auf der Welt befindet sich in fortgeschrittenen Testphasen der emissionsfreien Brennstoffzellen-Autos, aber das heißt nicht, dass diese Technologie die Autoindustrie retten wird. Obwohl die Technologie, die hinter den Brennstoffzellen steckt, seit Jahrzehnten beherrschbar ist und angewandt wird, sind noch einige technologische Hürden zu überwinden, bevor sie in größerer Stückzahl auf den Automobilmarkt kommen kann (Honda hat in Kalifornien den ersten Produktions-Pkw eingeführt). Bei den meisten aktuellen Automobildesigns sind mehrere Zellen erforderlich, um in ausreichendem Maße Elektrizität zur Energieversorgung des Fahrzeugs liefern zu können. Und ein standardmäßiger Tank, gefüllt mit 4,5 Kilogramm Druckwasserstoff, reicht nur für eine Strecke von etwa 350 Kilometern (weshalb die meisten Konzepte Brennstoffzellen mit einer elektrischen Pufferbatterie kombinieren). Außerdem muss die Temperatur des Wassers in den Brennstoffzellen unter 100°C gehalten werden. An einem heißen kalifornischen Sommertag kann das Wasser eventuell vollständig verkochen, wodurch die Zelle ihre Konduktivität verliert. Und schließlich muss kontinuierlich Wasserstoff in die Zelle fließen, und dies ist nach wie vor schwierig zu kontrollieren.

Ich möchte Sie nicht mit technologischen Konjunktiven langweilen, um Sie davon zu überzeugen, dass es schlichtweg unmöglich ist, ein ökologisch nachhaltiges Transportmittel zu produzieren. Im Gegenteil, trotz der operativen Probleme, die hinsichtlich der Brennstoffzellentechnologie nach wie vor bestehen, wird sie gerade wegen ihrer absoluten Nullemission von Treibhausgasen und ihrer verminderten Abhängigkeit von fossilen Brennstoffen zu einem soliden Kandidaten für neue Antriebe. Es ist aber wichtig, sich in Erinnerung zu rufen, dass zur Umsetzung grüner Ziele in unseren kreativen Strategien wie bei allen notwendigen Unternehmungen eine konzentrierte Anstrengung und eine Kombination aus Talent und Sorgfalt der Wirtschaftslenker, kreativen Berater, Verbraucher und – nicht zuletzt – unserer Regierungen erforderlich sind. Durch ihre Komplexität ist diese Aufgabe teuer und erfordert eine Vorlaufinvestition für langfristige Rentabilität. Und diese Investition müssen wir *alle* tätigen.

Geld regiert die Welt und in diesem Fall muss Geld die Welt retten. Auf die Frage der Regierung, warum sie weiter benzinfressende Geländewagen produziert hätten, anstatt in neue kraftstoffsparende und alternative Technologien zu investieren, antworteten die Manager der drei großen US-Autobauer, dass sie lediglich die Nachfrage des Marktes bedient hätten. Bis zu einem gewissen Grad mag das zutreffend sein, und deshalb müssen wir den Verbrauchern echte Anreize bieten, damit sie sich Produkte »wünschen«, die unseren Planeten nicht zerstören. Mit anderen Worten: Produkte mit einem schlechten ELF-Rating müssen über hohe Preise abschreckend wirken und Produkte mit einem guten ELF-Rating müssen sowohl rentabler für Hersteller als auch preiswerter für Verbraucher sein.

2008 lieferte uns ein wunderbares Beispiel, wie das Geldmotiv persönliche Entscheidungen beeinflussen kann. Im Juli 2008 wurde Öl für knapp 150 Dollar pro Barrel gehandelt, und Verbraucher quer durch die Vereinigten Staaten ächzten unter Spritpreisen von fast 5 Dollar pro Gallone (ca. 3,78 Liter). Die Leute parkten ihre Geländewagen in ihren Vorgärten, etliche mit einem »Zu verkaufen«-Schild hinter der Frontscheibe. Durchgangsstraßen waren mit einem Mal wie leergefegt, Fahrräder und Fußgänger dominierten das Stadtbild. Der öffentliche Nahverkehr erlebte ebenso einen Aufschwung wie die Nachfrage nach Car-Sharing und anderen vernünftigen (aber bis dato unbeliebten) Formen des Kraftstoffsparens wie Car-Pooling. Weniger Abgase bedeutete auch eine spürbare Verbesserung der Luftqualität, und der texanische Öl- und Gasmagnat T Boone Pickens machte in Talkshows die Runde, um seine Pläne zum Bau von Windparks quer durch die Vereinigten Staaten zu erläutern, um damit der Abhängigkeit der Nation vom ausländischen Öl ein Ende zu setzen. Und als die Nachfrage nach Öl nachließ, fiel auch der Preis.

Im Oktober steckte die Weltwirtschaft mitten in der Krise, und der Ölpreis stürzte in den Keller. Die US-Bevölkerung – zumindest der Teil, der noch im Besitz eines fahrbaren Untersatzes war – entwickelte eine Ölpreisamnesie und schwang sich wieder hinters Lenkrad. Die zurückgelegten Entfernungen wurden wieder größer ebenso wie Amerikas Toleranz für seine Abhängigkeit von ausländischem Öl. Und was geschah mit den Windparks? Pickens verkündete, dass seine Pläne wegen des nachlassenden Interesses an alternativen Energielösungen aufgeschoben würden. So konnten wir in weniger als sechs Monaten sehen, wie schnell sich die Amerikaner daran gewöhnen konnten, weniger Benzin zu verbrauchen, wie die stattfindende Reduktion in direkter Verbindung mit einer Reduktion der Kosten (und der Umweltverschmutzung) stand und wie das Investitionsversprechen sofort recht aggressive Pläne zur Erzeugung alternativer Energien fördern konnte. Bedauerlicherweise sahen wir auch, wie schnell wir die Ziele der Effizienz, des Umweltschutzes und der nationalen Sicherheit vergessen können, wenn wir kein Geldmotiv haben, das uns anspornt, sie in Erinnerung zu behalten. Zumindest in Amerika ist und bleibt Geld der effektivste Katalysator für Veränderung, und Innovatoren werden

Wege finden müssen, um sich das »Geldmotiv« in einer jeden grünen Unternehmensstrategie zunutze zu machen.

Kräfte bündeln

Veränderungen durch gründlich erforschte Innovationen und strategisch ausgeübten wirtschaftlichen Druck in die Tat umzusetzen, erfordert gemeinsame Anstrengungen. Glücklicherweise sind wir Designer und Wirtschaftslenker in unserem Bemühen, ökologisch nachhaltige Unternehmensstrategien zu verfolgen, nicht allein. Es gibt viele Organisationen wie Greenpeace oder den Sierra Club, die auf eine lange Geschichte in der Entwicklung derartiger Strategien und im Verfolgen des Ziels, unsere natürliche Umwelt zu schützen, zurückblicken.

Obwohl derartige Organisationen den politischen und gesellschaftlichen Kernfragen sehr nahe kommen, die mit dem ELF-Rating-System angegangen werden, haben auch sie nicht vorgeschlagen, Industrieprodukte auf dieselbe Art und Weise zu klassifizieren wie manche Organisationen andere Güter, zum Beispiel biologische Lebensmittel, klassifizieren, zertifizieren und einordnen. Was für einen Fortschritt hin zu ökologisch nachhaltigen Industriemodellen könnten wir machen, wenn wir die Macht der bestehenden Umweltprogramme mit betrieblichen Programmen, die weltweite industrielle Qualität, Normen und Compliance regeln, kombinierten? Mit dieser Art gemeinsamer Anstrengung könnten wir relevante industrielle ELF-Informationen aufgrund von »Gesamt-Zyklus-Prozess-Informationen« erzeugen beziehungsweise zusammentragen, die derzeit nicht verfügbar sind oder nur dürftig erhoben und verwaltet werden.

Ohne Frage wird jede groß angelegte industrielle/ökologische Bemühung »politisches« Lobbying und Gezänk auslösen und zahlreiche Industrien und Unternehmen werden immer versuchen, sich von der Regelbefolgung freizukaufen bzw. diese über Lobbyismus zu verhindern. Letzten Endes werden aber Unternehmen, die den Umweltgedanken nicht in ihre Strategiepläne einbauen, zu Außenseitern – und werden deshalb scheitern. Die dringende Notwendigkeit und die wachsende Nachfrage nach ökologisch verantwortungsbewussten Industrie-, Unternehmens- und Verbraucherpraktiken werden nicht mehr schwinden, weil die Welt ihre ökologische Unschuld für immer verloren hat. Wir wissen, was wir tun müssen, wir müssen nur noch den besten Weg dorthin finden. Und diejenigen Unternehmen, die heute in grüne Strategien investieren, werden für den Erfolg von heute, morgen und in der Zukunft besser aufgestellt sein. Diejenigen, denen die Veränderung nicht gelingt, werden im ökologischen und ökonomischen Abseits landen.

Dasselbe gilt für Länder, die ihre Umweltabkommen nicht verändern beziehungsweise sich ihnen nicht verpflichten – wie es in den USA lange geschehen ist. Amerika unter der neuen Regierung hat endlich erkannt, dass es, um zu einer Position der Weltführerschaft zurückkehren zu können, den von seinen Gründervätern verfassten humanistischen Idealen gerecht werden muss. Die Vereinigten Staaten müssen wieder ein gutes und leuchtendes Beispiel werden. Verantwortungsbewusstere Weltbürger zu werden, wird auch den US-Unternehmen gut tun. Die grüne Wirtschaft ist auf einem guten Weg, und die Unternehmen, die bereit sind, sich an ihr zu beteiligen, werden die globalen Gewinner sein.

Wir haben nur eine letzte Chance, den ökologischen Zusammenbruch der Erde aufzuhalten, und dazu müssen wir die Verhaltensmuster und Prinzipien verändern, die unsere gegenwärtigen wirtschaftlichen und industriellen Systeme beherrschen. Anstelle eines kalten und egoistischen Kapitalismus, der fast immer mit exzessivem und sehr häufig rücksichtslosem Individualismus einhergeht, müssen wir ein warmherzigeres, gemeinschaftlicheres und gesellschaftlich verantwortungsvolles Modell für ökonomisches Verhalten umsetzen. Das heißt, wir müssen unsere Einstellung zu Industrie verändern und fordern, dass sie der Menschlichkeit dient und sie bewahrt, nicht anders herum. Wir – Sie und ich und alle auf unserer Welt – sind für die Verwirklichung dieser Veränderung verantwortlich. Wie Mahatma Gandhi sagte: »*Sei du selbst die Veränderung, die du dir für diese Welt wünschst.*«

Industriell-kulturelle Kolonialisierung überwinden

Als ich 1959 mit 15 als Austauschschüler im Lycee de Garçons in Montluçon, Frankreich, war, wurden mir die Augen für die Probleme des Kolonialismus geöffnet – Probleme, die entstehen, wenn ein Land beziehungsweise eine Kultur versucht, ihre Vorstellungen, Werte und Überzeugungen einem anderen aufzuzwingen und dabei seine Ressourcen ausbeutet. Ende der 1950er-Jahre kämpfte Frankreich darum, die eingewanderte Bevölkerung zu besänftigen, während es gleichzeitig versuchte, schwere Unruhen bzw. Befreiungskriege in seinen Kolonien in Algerien und Indochina (Vietnam) zu beruhigen. In dieser Zeit reiste ich mit dem Nachtzug von Straßburg nach Lyon und teilte mein Abteil mit einer Gruppe junger französischer Soldaten, die auf dem Weg zu ihrem Kampfeinsatz in Algerien waren. Ihre Angst und ihr Ärger waren greifbar, und sie alle betranken sich heftig mit französischem Wein – ebenso wie ich.

Während ich diesen jungen Soldaten lauschte, die beschrieben, was ihnen als harter, aber durchaus notwendiger Einsatz erschien, um die französischen Kolonien »wieder in die Spur zu bringen«, konnte ich nicht umhin, mich an die anderen Stimmen in meiner Austausch-Heimatstadt zu erinnern, die ich von diesem Kampf hatte sprechen hören. Montluçon war die Heimat für eine Reihe algerischer und indochinesischer Flüchtlinge, und ich hatte häufig ihre Berichte aus erster Hand von schockierenden Handlungen seitens der französischen »Besatzer« und der Rache der Widerstandsguerillas gehört – Geschichten über brutale Unterdrückung und Angst. Unsere französischen Lehrer erzählten uns, dass die französischen Kolonien sowohl ein Fluch für die Franzosen als auch für die Völker der fernen Länder war, die Frankreich zu kontrollieren suchte. Die Menschen in den Kolonien wollten Unabhängigkeit und Frieden, konnten beides aber nicht haben, solange Frankreich noch irgendeinen wirtschaftlichen oder strategischen Vorteil von »seinen« Kolonien hatte. Traurigerweise hat sich in diesem Teil der Welt – z. B. in Afrika – im Prinzip nicht viel verändert, nur dass heute diese mit Korruption »geschmierte« Ausbeutung sowohl durch Banken und Unternehmen als auch durch eigene Militärführer und Regierungsbeamte erfolgt.

Heute stellt »industriell-kultureller« Kolonialismus eins der größten Hindernisse dar, die Designer und Wirtschaftslenker bei der Entwicklung und Umsetzung ökologisch verantwortungsvoller Produktstrategien überwinden müssen. Jahrelang haben Amerikaner, Westeuropäer und Japaner ihre Werke in Dritte-Welt-Länder verlagert, wo Arbeit billig ist und Arbeitsschutzbestimmungen Mangelware. Gleichzeitig erwarten diese hoch entwickelten Industrienationen, dass sie in den Drittländern neue Märkte für die kostengünstigen Produkte, die sie ausstoßen, erschließen. Wie wir jetzt wissen, war dieses industrielle Paradigma für alle Beteiligten düster und zerstörerisch. Und es hat den Designern einige besonders schwierige und entmutigende Realitäten aufgezwungen.

Als ich vor 30 Jahren mit Sony zusammenarbeitete, waren wir uns der großen Vielfalt kultureller und modischer »Geschmäcker« auf der ganzen Welt durchaus bewusst. Wir wussten auch, dass Sony's Produktkonzepte die Ästhetik und Traditionen anderer lokaler Kulturen respektieren mussten, um die internationalen Märkte mit Erfolg erreichen zu können. Wir bezeichneten unser Produktdesign als »Internationalen Stil«, und es sollte anpassungsfähig sein. Die zugrunde liegende Produktarchitektur unseres Designs beruhte auf einem standardisierten System, aber ein für Brasilien entworfenes Fernsehgerät sah ganz anders aus als eines, das für Großbritannien, Saudi-Arabien, Nigeria oder Malaysia entworfen wurde. Wir lehnten den »Nussbaumfurnier- und Zierleisten«-Stil ab, der damals die amerikanische Unterhaltungselektronik beherrschte, weil wir glaubten, dass eine Nation, die in der Lage war, Menschen zum Mond zu schicken, offen für progressivere Ästhetik wäre. Wir hatten Recht. Außerdem hatten wir das große Glück, von einer starken und visionären Leadership unterstützt zu werden.

Die heutige Massenkultur wird nicht mehr von den gleichen Führungskräften definiert, mit denen wir bei Sony zusammengearbeitet haben. Die globale Massenkultur wird durch internationale Supply Chains geformt, mit Zielen, die den Prozess vom Design zu Produktion und Verwendung gefährden. Diese Art des industriell-kulturellen Kolonialismus hat zu der Degeneration des Produktdesigns im Allgemeinen geführt, der wir uns heute gegenüber sehen. Lassen Sie uns beispielsweise einen Blick auf ein Produkt werfen, das einen Paradigmenwechsel herbeigeführt hat – den Laptop. Sein Grunddesign – der herunterklappbare Bildschirm über einer QWERTZ-Tastatur – ist zum weltweiten Quasi-Standard geworden, obwohl die Funktionalität und Ergonomie des Designs beeinträchtigt werden. Werke in Taiwan und China stoßen Laptops zu Preisen aus, die sich vor zehn Jahren niemand hätte träumen lassen, und bevölkern die Unterhaltungselektronik mit diesem mangelhaften Design.

Vor Kurzem bot sich eine großartige Gelegenheit, diesen Trend durch die Erstellung eines frischen Konzeptes für das Design von Laptops für Kinder (und mit den Kindern) der Welt – arme Kinder, die noch keine Vorstellung davon hatten, wie ein Laptop aussehen müsste oder wie es sich anfühlen oder funktionieren sollte –, umzukehren. Ich spreche über Nicholas Negropontes große Vision des XO-Laptops für das Projekt »One Laptop Per Child« (OLPC), auch bekannt als »100-Dollar-Computer«, an dem ich einen kleinen Anteil hatte. Es war eine edle Bemühung, aber sie fiel bedauerlicherweise dem kulturellen Kolonialismus zum Opfer. Anstatt die Innovation über die Technologie des Computers und das Co-Design mit den potenziellen Laptop-Kunden hinaus zu führen – die zumeist Regierungen bevölkerungsreicher Länder wie China, Indien und Brasilien waren –, lenkten Nicholas Negroponte und sein Team jeden Aspekt des Projekts. Infolgedessen ließen sie äußerst inspirierendes und herausforderndes Input von ihren potenziellen Kunden außer Acht.

Ich erinnere mich an ein ganztägiges Treffen am Massachusetts Institute of Technology (MIT) mit einem hochrangigen Team aus Brasilien. Das Team hatte eine Reihe von Konzepten vorbereitet, unter anderem die Idee, den XO in Brasilien fertigen zu lassen – was für sein Land von echtem potenziellem Nutzen gewesen wäre. Aber die Idee kam nicht an, weil die OLPC-Verantwortlichen nicht bereit waren, die Kontrolle abzugeben. Vielleicht dachten sie, sie würden Steve Jobs in dieser Hinsicht nacheifern, aber wenn dies der Fall war, so hatten sie einen sehr wichtigen Faktor hinsichtlich Steve Jobs vergessen: Er hört tatsächlich zu. Langsam schüttelten die Brasilianer ihre Köpfe, als sie erkannten, dass das OLPC nicht an ein echtes Gemeinschaftsunternehmen (und gemeinschaftlichen Nutzen) dachte, und letzten Endes wurde die Chance mit

Brasilien vertan. Kurz darauf kamen die Gespräche des OLPC mit Indien und China ebenfalls zum Stillstand.

Letztlich ging das nach westlichen Vorstellungen entworfene XO-Laptop in die Wertschöpfungskette für billige Laptops. Selbst ein kompetenter ODM aus Taiwan konnte die Banalität des Designs nicht korrigieren. Der Preis für den XO verdoppelte sich beinahe, weil die anfänglichen Kostenschätzungen naiverweise nur auf den Kosten für die einzelnen Bauteile basierten, und das OLPC-Team zog zu keinem Zeitpunkt smartere Designalternativen in Betracht, mit denen man die Kosten hätte senken können. Sie zogen auch keinen Nutzen aus den MIT-Studenten, die ihnen zur Verfügung standen und die möglicherweise etwas Neues, Frisches und Gewagtes in den Design-Prozess eingebracht hätten. Auch auf die Gefahr hin, zynisch zu klingen: diese Erfahrung veranschaulichte kulturelle Ignoranz in Aktion. Wenn sich das OLPC die Mühe gemacht hätte herauszufinden, was junge Schüler auf der ganzen Welt wirklich in einem Laptop haben wollten und brauchten, so hätte ihre Forschung zu innovativeren und kulturell angemesseneren Lösungen geführt – und das Projekt hätte erfolgreich sein können.

Stattdessen endete das XO-Laptop als lasches Produkt, das in etwa so stilvoll war wie ein Spielzeug-Computer von Fisher-Price. Reguläre Laptops sind ergonomische Katastrophen, und die verringerte Größe des XO verschärfte die Probleme des Designs noch. Als Intel seinen »Classmate«-Laptop und Asus seinen Eee-Mini-PC (tatsächlich ein sehr elegantes Produkt) auf den Markt brachten, konnte der XO-Computer einpacken. Schließlich wurde das, was als großartige Idee mit schier revolutionierendem Potenzial begonnen hatte, auf eins dieser technischen Spielzeuge reduziert, die den größten Teil ihres Produktlebens im Schrank verbringen, bevor sie auf den Müll geworfen werden.

Die Art Forschung, die es braucht, um ein Produkt wie den XO zu entwerfen, muss ihren Ursprung auf verschiedenen lokalen Ebenen haben, aber sie muss auch auf globaler Ebene Anwendung finden, wenn wir die Beschränkungen des industriell-kulturellen Kolonialismus wirklich überwinden wollen. Wir sollten uns Marshall McLuhan's berühmtes Zitat »Think global, act local« (Denke global, handele lokal) in Erinnerung rufen, aber wenn wir uns zukunftsweisende Bereiche in Jugend- und Streetmode, Sport, digitalen Medien und Unterhaltung anschauen, müssen wir auch denken, »denke gruppenzugehörig, werde dann weltzugehörig«. In diesem Zusammenhang kann »gruppenzugehörig« den Stil einer Bling Bling-Marke wie Phat Farm bedeuten, eine Gladiatoren-Sport-Franchise wie die National Football League oder Kultmarken wie Burton-Snowboards und -Mode, die sich durch ihre Anti-Establishment-Strategien selbst definiert haben, die die meisten der klassischen Vorstellungen vom Branding ablehnen. Sogar Hollywood erfährt die Konkurrenz der weltweiten, tribalen Gruppenzugehörigkeiten. Indien ist ein starker Mitspieler im Bereich Film geworden und seine digitale Design-Industrie wird durch eine »open source«-Vertriebsplattform unterstützt, wodurch sie zu einem wahrhaft globalisierten Geschäft wird.

Genau wie industriell-kultureller Kolonialismus eine No-Win-Strategie für alle Beteiligten ist, so bietet dessen Beendigung uns allen neue Chancen. Diese Chancen lohnen sich vielleicht am meisten für Designer. Durch das Eingehen respektvoller Partnerschaften mit unseren internationalen Partnern, können wir den kulturellen Reichtum der anderen erkennen und unser neues Verständnis nutzen, um bessere Produktkonzepte und bessere Prozesse zu kreieren. Und da wir daran arbeiten, umweltbewusstere Produkte zu entwerfen, schließen wir uns einer weltweiten Anstrengung an, breit gefächerte und langfristige Vorteile in unserem ganzen weltweiten »Stamm« zu verbreiten.

Konsumentenverhalten formen

All dies weist auf eine grundlegende Wahrheit hin, die wir akzeptieren *müssen*, wenn wir ökologisches Verhalten fördern wollen: Wir sind nicht allein auf dieser Welt. Wenn auch die Förderung einer weit verbreiteten »Wir«-Mentalität gegenüber der vorherrschenden »Ich«-Mentalität ein schwieriges Unterfangen zu sein scheint (angesichts unseres scheinbar unbeirrbaren Glaubens an das allein seligmachende Ideal des harten Individualismus), so zeigen doch überall viele Gegenbeispiele den Weg. Einige in Form von öffentlichen Programmen, aber viele andere sind private, gewinnorientierte und gewinnbringende Vorhaben.

Autofahren zählt in Amerika zu den liebsten »Einsamer-Wolf«-Verhaltensweisen und damit zu den größten Herausforderungen – mit enormem Potenzial – im Streben nach einem umweltbewussteren Verbraucherverhalten. In den morgendlichen und abendlichen Stunden des Berufsverkehrs sitzt fast jeder Fahrer auf den Fernstraßen der Bay Area allein in seinem Wagen. Es ist nicht die große Freiheit der Straße, die diese Menschen ruft. Tatsächlich beansprucht das wirkliche Fahren nur einen kleinen Teil der Zeit für ihr Pendeln zwischen Wohnung und Arbeitsplatz. Stattdessen ist es ein ausgeweiteter Stop-und-Go-Verkehr im Kriechtempo, der Ärger und Groll unter den Fahrern auslöst und zugleich die Luft mit Autoabgasen verpestet. Und dennoch befindet sich unmittelbar neben diesen proppenvollen, die Umwelt verschmutzenden Fahrspuren eine Lösung, die sich wachsender Beliebtheit und Anwendung erfreut – die HOV (High Occupancy Vehicle) Lanes (Anm. des Übers.: Fahrspuren für Fahrzeuge mit starker Belegung). Diese Spuren funktionieren gut – nach viel Forschungsarbeit hat die Nahverkehrsbehörde Metropolitan Transit Authority von Harris County, Houston, Texas, festgestellt, dass das dortige HOV Lane-Netz so effizient ist, dass man immerhin 24 Fernstraßenspuren verbinden müsste, um die Anzahl der Passagiere aus Fahrgemeinschaften im Berufsverkehr in einzelnen Fahrzeugen bedienen zu können. Dieses Konzept funktioniert auf sozialer und ökologischer Ebene, weshalb ich mich nur wundern kann, dass es nicht noch mehr Menschen nutzen.

Noch eine sehr praktische Idee hat ihr volles Potenzial noch nicht erreicht: das Car-Sharing, bei dem Autos – nicht Fahrer – zu einem kostengünstigeren Fahrmodell zusammengefasst werden. Wenn Sie täglich zur Arbeit nach San Francisco fahren, so ist das Besitzen und Fahren eines Pkw eine stressige und teure Angelegenheit. Die Parkzeit kostet für zwei Stunden etwa 18 Dollar und ein Parkplatz für den ganzen Tag liegt bei stolzen 40 Dollar – sofern Sie einen finden. Beim Car-Sharing zahlt man eine Nutzungsgebühr (etwa 5 Dollar pro Stunde) für das Pendelfahrzeug. Sie könnten also beispielsweise Ihren Wagen morgens in der Nähe Ihres Hauses in der East Bay abholen, damit nach San Francisco hineinfahren und es dort für den nächsten Nutzer abstellen. Nach der Arbeit holen Sie ein anderes Fahrzeug ab, fahren damit heim nach Berkeley und stellen es dort wieder für einen anderen Nutzer ab. Sie zahlen weder Parkgebühren noch Versicherungen, Sie zahlen nichts für das Privileg, den ganzen Abend einen Wagen in Ihrer Einfahrt oder Garage stehen zu haben und Sie sind weniger anfällig für überflüssige Autofahrten. Dieses Konzept ist sinnvoll und gewinnt zunehmend an Beliebtheit.

Öffentliche Verkehrsmittel sind natürlich eine weitere Lösung für das »Wir-gegen-ich«-Dilemma. Das öffentliche Nahverkehrssystem in den USA verblasst im Vergleich mit Europa oder Japan, aber Amerika scheint sich erneut für die Verbesserung seiner Infrastruktur mithilfe von Plänen zur Erweiterung und Verbesserung des öffentlichen Verkehrsnetzes zu engagieren. Das wird natürlich Geld kosten, aber es war auch Geld – und Raubritterkapitalismus –, das Amerikas öffentliches Verkehrssystem abgeschlachtet hat. Anfang des 20. Jahrhunderts begann Alfred P. Sloan Jr., langjähriger Präsident von General Motors, einen Plan umzusetzen, um den Absatz von Autos zu steigern und den Gewinn durch die Abschaffung von Straßenbahnen zu maximieren. 1922 richtete Sloan eine spezielle Abteilung innerhalb von GM ein, die unter anderem die Aufgabe hatte, die elektrischen Schienenbahnen in den USA durch Pkw, Lkw und Busse zu ersetzen. Die Verbraucher hatten nicht mehr die Wahl, die Straßenbahn zu nehmen, sie stiegen zunächst auf Buslinien um und schließlich auf ihr eigenes Auto. Die Unternehmensstrategie von GM hat also zu einer Veränderung des Verbraucherverhaltens geführt – nur leider nicht zum Besseren.

Heute ist es dank Internet und den vielen Möglichkeiten zu persönlicher Kommunikation und Social Networking für die einzelnen Branchen, ganz zu schweigen von einzelnen Unternehmen, viel schwieriger, Verbraucher durch falsche Informationen oder Versprechungen zu steuern und zu manipulieren – trotz vieler Halbwahrheiten. Durch die große Beliebtheit von Websites wie MySpace, FaceBook, Second Life oder YouTube und Unterhaltungstechnologie-/Gadget-Blogs wie Boeing oder Gizmodo ist die Macht von Glaubwürdigkeit und Beeinflussung von den Mainstream Content Providern auf persönlichere – und potenziell polarisierendere – Quellen verlagert worden. Diese Websites bieten ein großes Potenzial für Unternehmen und Branchen, die eine unmittelbare Verbindung zu den Gedanken und Meinungen ihrer Verbraucher suchen. Unternehmer, die über den Tellerrand schauen, erkennen die Macht und den Einfluss eines jüngeren, weitaus engagierteren Publikums, daher war es keine Überraschung, als Rupert Murdoch MySpace erwarb und Google YouTube kaufte, trotz der immer noch großen Probleme mit dem Urheberrecht, die mit diesen Projekten einhergehen.

Wir Designer und Unternehmensinnovatoren können uns diesen potenziellen neuen Markt auch zunutze machen, und es gibt auf diesem Weg kein wirksameres Mittel als eine aktive und öffentliche Verfolgung grüner Strategien. Die Menschen lauschen und beobachten Hersteller heute genauer als noch vor ein paar Jahren. Das gibt uns die Gelegenheit, für unsere Unternehmen und Verbraucher das Richtige zu tun. Durch das Promoten grüner Unternehmens-Agenden können wir uns der wachsenden Bewegung anschließen, das Verbraucherverhalten weiterhin derart zu formen, dass es für unsere Organisationen und die Umwelt gewinnbringend ist.

Einen ganzheitlichen ›Neustart‹ auslösen

Wenn wir uns die professionellen Bereiche anschauen, die grünes Design in Betracht gezogen haben oder ziehen, stellen wir fest, dass viele gute Ideen, Konzepte und praktische Schritte bereits in Angriff genommen wurden. Was aber zu kurz zu kommen scheint, sind ganzheitliche Ansätze für die Probleme, vor denen wir stehen, insbesondere in dem ausgesprochen anspruchsvollen Bereich der hochautomatisierten Produktion und der Folgebreiche von Verwendung und Recycling. Über das Wiederaufladen unserer Leadership hinaus müssen wir einzelne Expertenfelder in eine koordiniertere und umfassendere Forschungsbemühung re-integrieren.

Indem wir erforschen, was wir tun *können*, können wir erfinden, was wir tun *müssen*. Und die Bemühung muss auf jeden Fall Technologie und Unternehmensstrategie integrieren, da jedes Zukunftsunternehmen nicht nur anhand des erzielten Gewinns, sondern auch anhand seiner Methoden zur Gewinnerzielung bewertet wird. Gleichermaßen können sich Technologen und Wissenschaftler nicht ausschließlich auf technische Parameter verlassen, sondern müssen ihren Schwerpunkt auch auf die Folgen ihrer Projekte für den Menschen legen. Meine Vorschläge in diesem Kapitel mögen idealistisch und »blauäugig« klingen, aber wir brauchen verrücktes, über den Tellerrand hinausgehendes, imaginatives Denken, wenn unser Himmel blau bleiben soll.

Da wir letztendlich den Punkt erreicht haben, wo die Umwelt aufgrund unserer Handlungen sichtlich auf Talfahrt ist, und weil wir letztendlich wissen, dass kleinere ökologische Feinjustierungen und Einschränkungen uns nicht vor Katastrophen retten werden, haben die Verantwortlichen in Industrie, Technologie und Wissenschaft keine andere Wahl. Wir müssen die Erziehung hinsichtlich dieser Fragen fördern (dies steht für die bevorstehende riesige Veränderung an erster Stelle). Wir müssen aber auch beginnen, sofort bessere Lösungen anzubieten – Lösungen, die die Mehrheit der Verbraucher überzeugen, die Angebote der alten Garde zu verwerfen und neue Ideen auf der Grundlage nachhaltiger Prinzipien zu unterstützen. Geld regiert die Welt, aber wir können – und müssen – Führungskräfte wählen, die wissen, dass »grün« und nicht »Gier« die erfolgreiche Lösung ist.

Während wir an der Grenze zur Zukunft stehen und Ausschau nach dem besten Weg nach vorn halten, mag es hilfreich sein, einen Blick zurück auf den Beginn der industriellen Revolution und die Gedanken und Texte von Adam Smith, dem schottischen Philosophen und Vorreiter im Bereich VWL aus dem 18. Jahrhundert, zu werfen, der *The Wealth of Nations (dt.: Der Wohlstand der Nationen)* schrieb. Obwohl Smith großen Einfluss auf die westliche Wirtschaftsdenkweise hatte, halte ich sein Buch über Ethik und das menschliche Wesen *Die Theorie der ethischen Gefühle* (1759) heute für noch passender, *wo wir die Herausforderung des Dematerialisierens von Industrie und Unternehmen angehen.* Im Gegensatz zu seinem späteren Werk, in dem Smith den sozialen Fortschritt der Wirtschaft zuschreibt, spricht er in *Ethische Gefühle* über Gefühle als bindende Kraft in Gesellschaften. Seine Worte stellen eine Übung in Verständnis und Empathie dar:

Für wie selbstsüchtig man den Menschen auch halten mag, es gibt nachweislich einige Anlagen in seinem Wesens, die dazu führen, dass er sich für das Schicksal anderer interessiert, deren Glück ihm notwendig erscheint, obwohl er nichts davon hat, außer das Vergnügen, es zu sehen.

Ich rate jedem dringend, Smiths Bücher zu lesen – die heute noch genauso Gültigkeit haben wie damals – und sich seine Philosophie in Erinnerung zu rufen. Es wird uns allen gelegen kommen, wenn wir das in Angriff nehmen, was die größte Herausforderung unseres Lebens sein könnte, nämlich unsere Zukunft zu retten, indem wir uns eine neue Ökologie der menschlichen Kultur ausmalen, die durch ein grünes Bewusstsein *angetrieben wird.*

6

Design-bestimmte Strategien für bessere Unternehmen – und eine bessere Welt

> »In einer Konsumgesellschaft gibt es unvermeidlich zwei Arten von Sklaven: Gefangene der Sucht und Gefangene des Neids.«
>
> Ivan Illich

Unsere Einstellung gegenüber Regierungen, Unternehmen und wirtschaftlichem Wachstum befindet sich an einem revolutionären Wendepunkt. Aber wie wir gesehen haben, erfordert eine erfolgreiche Revolution die Auseinandersetzung mit vielen Herausforderungen. Um unser System so anzupassen, dass es eine hohe Lebensqualität für alle sichert, müssen wir die Führungskräfte im Bereich Finanzen, von Großunternehmen und in der Politik motivieren, nach unserem gemeinsamen Interesse zu handeln, anstatt im besonderen Interesse oder zum übermäßigen Vorteil für sie selbst und einiger weniger. Und zu diesem Zweck müssen all diese Führungskräfte auf wahrhaft ganzheitliche Weise gemeinsam handeln. Industrienationen müssen darüber hinaus ihre Energie-Gewohnheiten ändern. Wir verbrauchen mehr und wir produzieren mehr, und das bedeutet, wir verschmutzen mehr. Gleichwohl es unser Ziel sein sollte, sauberere Energie zu erzeugen, müssen wir unseren Fokus trotzdem noch stärker auf das Energiesparen richten. Um die Hauptursachen für jede Art der Energieverschwendung zu reduzieren, müssen wir überdenken, wie wir leben, arbeiten, konsumieren – und Geschäfte machen.

Das ist eine anspruchsvolle Aufgabe, aber sie stellt für uns alle einen entscheidenden Moment dar. Unsere Industrie zu »begrünen«, ist eine einzigartige Gelegenheit für alle, die ihre Talente nutzen wollen, um bei der Rettung der Welt behilflich zu sein, und die bereit

Schwungrat. Hartmut Esslinger
Copyright © 2009 WILEY-VCH Verlag GmbH & Co. KGaA, Weinheim
ISBN: 978-3-527-50492-3

sind, sich in die harte Arbeit dieser Mission einzubringen. Wir haben eine Phase in der Geschichte unserer Erde erreicht, in der das Beste für die Umwelt gleichbedeutend mit dem Besten für unsere Unternehmen ist. Diese Balance zwischen persönlichem und weltlichem Lohn macht aus dem Grünen der Industrie eine skalierbare Bewegung, deren Erfolg nahezu unvermeidlich ist. Wie in der Natur werden die Organismen, die sich anpassen und lernen, in einer neuen wirtschaftlichen Umgebung gedeihen, und der Rest wird eingehen.

Wie wir in diesem Buch gesehen haben, lautet das Mantra für Unternehmen, die mit den sich schnell weiter entwickelnden Kulturen und Verbrauchernachfragen Schritt halten wollen, »Wandel«. Aber ein Großteil dieser Veränderung führt unvermeidlich zu Abfall. Heute verändern sich Technologieprodukte und die Art und Weise, wie wir sie benutzen, schneller als die Haute-Couture-Mode. Es braucht aber viel mehr Zeit, Geld und menschliche Arbeitskraft, auf eine neue Industriefertigung umzurüsten als zu einem neuen Stoffmuster zu wechseln – und es erzeugt wiederum viel mehr Abfall.

Als Designer ärgere ich mich, dass voll funktionsfähige Produkte weggeworfen werden, nur weil ihnen irgendein Update fehlt, aber durch den schnellen Fortschritt in der Technologie ist dieses Ergebnis unvermeidlich. Neuere – und häufig billigere – Technologie lässt Produkte schneller als je zuvor veralten, und es hilft nicht, dass Bauteile in Fusions-Produkten wie Computern, Kameras, Displays, Tastaturen oder Touchpads, Batterien und Antennen asynchrone Lebenszyklen haben. Dieses Problem beschränkt sich auch nicht auf Handys und andere Kleingeräte. Waschmaschinen mit defekten Benutzerschnittstellen, Digitalkameras mit schadhaften Displays oder Laptops mit langsamen Prozessoren können nicht repariert oder auf den neuesten Stand gebracht werden, also landen sie auf dem Müll.

In diesem Kapitel möchte ich mich genauer mit einigen Dingen beschäftigen, die Designer und Management tun können – und manchmal bereits tun –, um diese Fragen anzugehen und grüne Initiativen in ihre strategischen Unternehmenspläne einzubauen. Indem sie alte Denkweisen und Arbeitsabläufe über Bord werfen, können Unternehmen innovative Strategien zum Erfolg in der neuen, kreativen Wirtschaft aufbauen und umsetzen. Die Konzepte (co-inspiriert durch meine Frau Patricia), die ich hier anspreche – Fusions-Produkte, Open Source Design und Co-Design innerhalb sozialer Netzwerke – bieten enormes Potenzial für die Verbesserung der globalen Lebensfähigkeit und der ökologischen Nachhaltigkeit von Industrieprodukten. Und alle können zur Ausgestaltung des Grundgedankens von Design-bestimmten Strategien beitragen, die fast jedes Unternehmen nutzen kann, um in der neuen und sich entwickelnden kreativen Wirtschaft Fuß zu fassen.

Fusions-Produkte: einfach, flexibel, nachhaltig

Während unserer Karriere bei frog versuchten meine Frau Patricia und ich, ein neuartiges Vorhaben auf den Markt zu bringen, das zwar scheiterte, gleichwohl wir in dessen Verlauf viel lernten (ein Vorzug, der leichter zu begreifen ist, jetzt, da wir die Erfahrung überlebt haben). Und eines der wichtigsten Dinge, die ich daraus lernte, hatte mit dem Potenzial von Fusions-Produkten zu tun – Produkte, bei denen eine Vielzahl von Technologien in ein Gesamtpaket integriert werden, das vielfältigen Zwecken dient.

1987 gründeten wir ein neues Unternehmen namens frox (wie in »frog electronics«), mit dem Ziel, ein vollständig digitales Multimedia Entertainment System zu entwerfen, zu entwickeln und produzieren. Es war ein wahrhaftig visionäres Konzept, das leider an nichttechnischen Dingen wie Menschen und Geld scheiterte. Im Wesentlichen wollten wir Video-Audio-Entertainment und Computer in einem System zusammenfassen, das alle Signale und Datenströme vollständig digital verarbeiten sollte. Verglichen mit unserem inzwischen Jahrzehnte alten – und funktionsfähigen – Konzept sind die heutigen »Medienzentren« immer noch meilenweit vom Ziel entfernt.

Zwei Jahre lang beanspruchte das Vorhaben den größten Teil unserer Aufmerksamkeit und Energie, bis wir erkannten, dass weder das Unternehmen noch der Markt reif für das Konzept waren. Was das Projekt scheitern ließ, war nicht die raw-force/pure-play-Technologie, die wir entwickelten. Stattdessen scheiterten wir an menschlichem Versagen – sowohl im Hinblick auf das übermäßig

»corporate« Managementteam, das das Vorhaben überpolitisierte und die wertvollen Geldmittel verschwendete, als auch im Hinblick auf die Investoren, die den mühsamen Prozess der Anwendung von Hightech auf ein Verbraucher-zentriertes Produkt nicht voll und ganz erfassen und mittragen konnten. Interessanterweise führten die Investoren frox, nachdem Patricia und ich aus dem Projekt ausgestiegen waren weil die technische Entwicklung drastisch reduziert wurde, mit einem neuen Managementteam und neuem Geld weiter. Es gelang ihnen, den Prototyp auf den Markt zu bringen, aber es wurde letztlich ein Misserfolg, weil das Produkt zu teuer und unzuverlässig war.

Das bedeutet nicht, dass die Nachfrage nach konvergenten Technologien oder »Fusions-Technologien« nachgelassen hat. Tatsächlich ist der Bedarf heute größer denn je. Wenn wir uns die »Consumer Products« anschauen, die unsere Welt »bevölkern«, erkennt man schnell, dass viele von ihnen auf denselben Technologien beruhen. Leider verwenden viele von ihnen dieselben Technologien auch mehrfach innerhalb ein- und desselben Produktes. Diese Art technologischer Redundanz ist unwirtschaftlich, übermäßig komplex, umweltfeindlich und – in den meisten Fällen – völlig unnötig.

Betrachten wir zum Beispiel die Zentraleinheit (Central Processing Unit) oder CPU. Ich habe eine CPU in dem Computer, den ich benutze, um dieses Buch zu schreiben, sowie eine in meinem iPhone, meinem BlackBerry, meiner Kamera, meiner Uhr, meinem Auto, meiner Stereoanlage, meinem iPod, meinen Synthesizern, meiner Waschmaschine, meinem Trockner und meinem Fernseher. Aber die redundanten Technologien dieser Geräte gehen weit über die CPU hinaus. All diese Produkte haben auch ein Display, eine Batterie, eine Stromversorgung und irgendeine physikalische Benutzerschnittstelle. Jede dieser CPUs, Schnittstellen und so weiter wird für jedes Produkt separat hergestellt und bedeutet somit Kosten sowohl für den Verbraucher als auch für den Hersteller. Geld, das in die Entwicklung und Herstellung eines besseren Produktes – eines effizienteren, leistungsfähigeren, flexibleren, bedienungsfreundlicheren, besser recycelbaren-etcetera-Produktes – hätte investiert werden können, wurde stattdessen verwendet, um dieselben Technologien viele Male in mittelmäßigen Produkten mit schlechter Funktionalität zu reproduzieren. Um diese besondere Art der Verschwendung zu kappen und gleichzeitig verbesserte Konsumgüter mit dem Potenzial für einen großflächigen Markterfolg voranzutreiben, müssen wir Designer unseren Fokus auf die Schaffung von Fusions-Produkten legen.

Bei einigen erwähnenswerten Beispielen für Fusions-Produkte können wir bereits auf die Entwicklung und den breiten Kundenerfolg zurückblicken. Das bedeutendste unter ihnen ist das Mobiltelefon. In den 1990er-Jahren boten die meisten Mobiltelefone den Anwendern einen Computer, einen Festspeicher, ein Display und eine Benutzeroberfläche im Taschenformat. Der fehlende Bestandteil dieser Mischung war ein optisches System, aber es fehlte nicht lange. Heute ist das »Fotohandy« allgegenwärtig und bietet zumeist digitalisierte Stand- und Videobilder.

Ein weiteres Fusions-Produkt, das sich als äußerst nützlich erwiesen hat – manche sagen sogar, dass es süchtig macht –, ist das RIM BlackBerry. Als extrem mobile Person, die viel durch die Welt reist und überall Geschäfte macht, ist mein Blackberry für mich eines meiner produktivsten und zeitsparendsten Arbeitsmittel. Telefon, E-Mail/Textnachrichten, Organizer, digitale Bilder, Media Player, Breitband-Internetzugang und Browser – es gibt nicht viele Dinge, die ich nicht mit diesem Fusions-Werkzeug verwalten kann. Des Weiteren schätze ich – wie auch alle anderen – seine GPS-Funktion; standortbezogene Dienstleistungen sind einer der heißesten Wachstumsbereiche im Drahtlosgeschäft.

2007 führte Apple mit seinem iPhone ein anderes Niveau der »konvergenten Fusion« ein. Das iPhone bietet Telefonie, iPod-Musik und -Video und bringt Internetanwendungen mit sämtlichen Features aus dem Worldwide Web direkt in meine Hand. Neben einigen sehr raffinierten und direkt integrierten Online-Diensten wie das Weltwetter, Stock-tracking Widgets und so weiter stellt das iPhone mit seinem Touch-Screen die Zukunft einer kleinflächigen Benutzeroberfläche dar. Abgesehen davon arbeiten Apple und ein Team von Entwicklern intensiv daran, die Fähigkeiten des iPhones zu erweitern. Die nächste Welle der iPhone-Fusions-Technologie wird eine ökologische und medizinische Überwachung bieten. frog entwickelte z. B. ein experimentelles »grünes Telefon«, das unter anderem den Bakterienlevel von rohem Fleisch im Supermarkt überprüfen, einen Barcode scannen (um die Auswirkungen eines Produktes auf die Umwelt festzustellen) und eine Batterie über eine eingebaute Handkurbel aufladen kann.

Kommunikationsgeräte haben großartige Fortschritte als Fusions-Produkte gemacht, aber sie stehen mit ihrem Potenzial, sich Fusions-Technologien zunutze zu machen, nicht allein da. Autos stellen eine weitere riesige Chance für grundlegende Veränderungen durch Fusionen dar. Elektronische und digitale Komponenten machen bereits ein großes Segment der Herstellungskosten für moderne Fahrzeuge aus, deshalb ist es sinnvoll, wenn wir Autos als Computer auf Rädern betrachten. Dennoch funktionieren aktuelle Technologien in den meisten Fahrzeugen als separate Bauteile. Obwohl Fahren, Kommunikation, Navigation und Infotainment fast identische Technologien nutzen, werden sie immer noch als separate Bauteile konstruiert. Wenn wir uns die Bedienung der meisten Pkw anschauen – selbst diejenigen, die das bieten, was die meisten für den neuesten Stand der Technologie und des Designs halten –, finden wir moderne Technologie, die in alten Traditionen verhaftet sind.

In einem BMW beispielsweise befinden sich die Instrumente und Steuerelemente unmittelbar vor dem Fahrer, aber das digitale Steuerungssystem iDrive befindet sich in der Mittelkonsole, an der Stelle, die von jeher dem Autoradio vorbehalten ist. Das Layout zwingt den Fahrer, zwei Systeme an zwei verschiedenen Standorten zu überwachen und auf zwei verschiedene Arten mit ihnen zu interagieren. Weiterhin ist das iDrive so komplex, dass schon bei einfachen Problemen – sagen wir eine leere Batterie – eine Fahrt zur BMW-Werkstatt notwendig wird, um den Autocomputer neu zu programmieren. Das Bündeln redundanter Technologien in einzelnen Systemen führt zu einer schwierigeren Verwendung, Überwachung, Verwaltung und Reparatur dieser Systeme. In manchen Fällen stellt diese Schwierigkeit eine Ablenkung dar, die für den Fahrer sogar zu gefährlichen Situationen führen könnte.

Ich habe eine Idee für ein besseres Design von Autoelektronik – und sie dient jedem Designer, der nützliche Fusions-Produkte entwickeln will, als Modell. Ich glaube, dass Hersteller alle Möglichkeiten untersuchen sollten, wie ihre Automobile sicherer gefahren werden können, und dann alle notwendigen Technologien integrieren, um diese Verwendungsmöglichkeiten so zu unterstützen, dass sie dem Fahrer Vorteile bieten und gleichzeitig verschwenderische Produktionspraktiken und übermäßige Betriebs- und Wartungskosten vermeiden (was zusammen genommen den Nachhaltigkeitsfaktor des Autos steigern würde). Während neue Technologien wie Abstandskontrolle, Verkehrsmanagement und zeitbezogene Minderung der Schadstoffbelastung zunehmend verfügbar sind, steigt der Bedarf nach der Fusion mannigfaltiger und paralleler Funktionen im Automobildesign weiter an. Neuerungen in anderen Technologien treiben dasselbe Bedürfnis an.

Zahlreiche Designer gehen heute die Herausforderungen der Fusions-Technologien innerhalb des elektronisch-digitalen Heims an, um eine Reihe von Produktsystemen – Telefon, Fernsehen, Radio und Musiksysteme, PC, Hausüberwachungssysteme, Heizungs- und Kühlungssteuerung – zu kombinieren. Genau dieses Dilemma versuchten Patricia und ich vor etwa zwanzig Jahren mit frox in Angriff zu nehmen, deshalb habe ich ein gewisses Verständnis dafür, was es heißt, diese Systeme zusammenzubringen. Heim-Systeme veranschaulichen mehr als deutlich die Herausforderungen und technologisch-strategischen »Abgründe«, vor denen wir stehen, wenn wir Fusions-Produkte entwerfen, und genau deshalb sind sie einen genaueren Blick wert. Um es kurz zu machen, werde ich meinen Schwerpunkt auf die Kluft zwischen semi-digitalem Fernsehen und digitaler Datenverarbeitung legen.

Die Probleme auf dem Sektor Fernsehtechnologien beginnen mit der Vielfalt der inkompatiblen (Signal-)Standards, die weltweit in Gebrauch sind. Die USA, Kanada und Japan (sowie einige wenige andere asiatische Länder) verwenden immer noch einen analogen Standard zur Übertragung und Ausstrahlung von Videobildern namens NTSC (National Television Standards Committee). Die meisten westeuropäischen Länder benutzen das PAL(Phase Alternation Line)-System. Frankreich, Russland und Teile Osteuropas übernahmen das komplexere und weniger robuste SECAM(Sequentielle Farbe mit Speicher)-System, aber viele dieser Gebiete konvertieren langsam zum PAL.

Diese technologische Mischung wird noch durch die Tatsache verkompliziert, dass die Produktionsstudios begonnen haben, in digitalen Formaten wie 4:2:2 aufzunehmen – Bandbreiten, die für das Senden über Antennen, Kabel oder Satelliten zu »schwer« sind. Zur Einstellung auf diese Begrenzung haben wir jetzt, was als Digitales Fernsehen (digital television, DTV und HDTV) bezeichnet wird, wobei der Video- und Audioinhalt durch eine Reihe von »separaten« Signalen und nicht wie beim analogen Fernsehen als »Signale am Stück« übertragen werden. Digitales Fernsehen ist flexibler als analoges und das Bild ist stabiler, aber die DTV-Pixel bieten nur eine begrenzte Bildauflösung und die verhältnismäßig primitive Audio-Scanrate lässt die Musik »metallisch« klingen. Die Tatsache, dass die meisten Provider nach wie vor eine veraltete Übertragungsinfrastruktur verwenden, verstärkt die Unzulänglichkeiten des digitalen Fernsehens zusätzlich. Die Technologie bietet aber dennoch einen großen Vorteil; sie ermöglicht das Surfen im Internet am Fernseher.

Dieser Vorteil sollte es eigentlich ermöglichen, Computer als vollständig digitale Geräte in DTV-Anlagen einzubauen – aber so einfach ist es nicht. Der Siegeszug des Fernsehgerätes begann im Wohnzimmer, während Computer zunächst im Büro Einzug hielten. Solange Betriebssysteme (Windows/Vista, Mac OS, Linux usw.) office-zentrierte Technologien bleiben, können ihre Funktionen nicht erfolgreich mit denen von Home Entertainment Systemen verschmelzen. Meine achtjährige Enkelin Lisa ermöglichte mir vor gar nicht allzu langer Zeit einen interessanten Einblick in dieses Problem, als sie einen Computer, den sie in ihrer Waldorfschule entworfen und gebaut hatte, mit nach Hause brachte. Sie hatte ihn aus vorgesägten Sperrholzplatten zusammengebaut und eine Reihe von einklappbaren »Bildschirm«-Bildern angebracht, die sie nun wie Kalenderblätter umschlagen konnte. Sie begann, mir ihr Projekt zu zeigen, indem sie das »Display« bis zu einem sehr hübschen Bild der Windows Startseite (einschließlich des von frog entworfenen Windows Logos) durchblätterte, aber dann hielt sie inne. Ich fragte sie, was das Problem sei – ich dachte, dass sie sich vielleicht nicht sicher sei, ob ihr Designer-Großvater das nächste Bildschirmbild mögen würde. Aber sie sagte nur: »Opa, der Computer braucht zwei Minuten zum Hochfahren …«

Wie gesagt sind Computer nicht für das Wohnzimmer gemacht. Nur wenige unter uns wären bereit, so lange auf ein Fernsehbild zu warten wie auf das Hochfahren unseres Computers. Gleichzeitig ist es keine Frage, dass Computer zu einem der weltweit führenden Unterhaltungslieferanten werden – betrachten Sie nur einmal die unglaubliche Anzahl von Videoclips, die auf YouTube angeschaut werden. Aber die Computertechnologie ist noch nicht fähig, das Fernsehen vollständig zu ersetzen.

Eine echte Fusion von Home Entertainment-/Computer-Produkten würde außerdem eine einfache und praktische Benutzeroberfläche erfordern, etwas, das gegenwärtig sowohl Fernsehgeräten als auch Computern fehlt. Menschen, die nicht regelmäßig mit Bürocomputersystemen und »Arbeits-«Software arbeiten, haben häufig Schwierigkeiten, die unglaublich komplexen Benutzeroberflächen zu verstehen. Lassen Sie uns der Tatsache ins Auge schauen: Durch Feature-Wahn wird der Computergebrauch nicht gerade zum Vergnügen. Und wie steht es mit der wachsenden Sammlung von Fernsteuerungen in den meisten Wohnzimmern? Nur wenige Konsumgüter sind so unbrauchbar wie Fernsteuerungen, trotz der umfangreichen Ressourcen, die in »Design«, Herstellung, Versand und Entsorgung investiert werden. Und noch tödlich komplexer und ärgerlicher ist die »Universalfernsteuerung« – ein schlecht durchdachter und unzureichend umgesetzter Versuch, eine fusionsartige Steuerung für eine Vielzahl von Geräten – TV, HiFi, DVD, CD Player, VCR und Set-Top Box – zu schaffen. Aufgrund der mannigfaltigen Technologien (und redundanten Versionen derselben Technologien) sind diese Schnittstellen zur Steuerung »designt«, das einzig »Universelle« daran sind die Probleme, vor die sie den durchschnittlichen Anwender stellen.

Das bringt uns zu dem rätselhaften Gerät, das Fernsehgeräte mit ihren digitalen Content-Providern verbindet: die *Set-Top-Box*. Obgleich frog im Jahr 2006 die wahrscheinlich hübscheste und anwenderfreundlichste Set-Top-Box für *Sky TV* entwarf, umfasst das Kernkonzept hinter diesen Geräten einen technologischen Sumpf, der durch Produkte wie TIVO, Apple TV und »Medienzentren« von Unternehmen wie HP noch weiter verkompliziert wurde. Meiner Meinung nach ist der Mangel an »Fusion« bei all diesen Produkten ein Ergebnis von kurzfristigem Marktopportunismus. Unternehmen scheinen immer nach den am niedrigsten hängenden Trauben greifen zu wollen, anstatt sich nach etwas Besserem zu strecken.

Stellen Sie sich nur vor, welchen Erfolg ein Unternehmen haben könnte, wenn es eine Fusion von Musik, Radio, Fernsehen, Kommunikation, Infotainment und menschlicher Produktivität schaffte, alles nahtlos mit drahtlosen voll-medialen Geräten verbunden. So etwas kann entwickelt werden und es sollte entwickelt werden. Vergessen Sie die oft zitierten Probleme durch die unterschiedlichen Benutzer/Geräte-Entfernungen im Büro (1 Meter) und im Wohnzimmer (3 Meter). Es ist leicht, ein drahtloses Feature in ein Media-Phone oder eine Fernsteuerung einzubauen, das Buchstaben-Größen und Design-Vorgaben einer Benutzerschnittstelle je nach Abstand zum Bildschirm verändert. Mit diesem Gerät könnten Anwender das Display für detaillierte Naharbeit oder weiter entferntes Infotainment einstellen.

Ein einfacher digitaler »Zauberstab« ist tatsächlich möglich. Andy Hertzfeld, Jaron Lanier und ich kreierten einen in 1989 – für das frox Hypermedia System, das ich bereits beschrieben habe. Die Tatsache, dass Fernseher keine Computer sind (obwohl sie mit Computertechnologie laufen) und Computer keine Fernseher (obwohl sie alle Arten von Media-Content wiedergeben können) ist höchstwahrscheinlich eher das Ergebnis fantasieloser Geschäftsmodelle als alles andere. Unternehmen können in ihren eigenen starren Denkmustern gefangen sein, und damit wird der Möglichkeit des Wachstums durch Innovation und strategische Kreativität die Luft zum Atmen genommen. Und vielfach ist nicht einmal Geld das Problem. Denken Sie nur einen Augenblick daran, wie viel Geld den weltgrößten Computer- und Unterhaltungsunternehmen zur Verfügung steht.

Die Fusion von Home Entertainment und Computern ist nicht nur möglich, sondern sie weithin verfügbar zu machen, würde auch zur Schaffung eines neuen Marktes führen, auf dem die Menschen für bessere Erfahrungen bezahlen würden, die mehr Funktionalität liefern und weniger Ressourcen erschöpfen (Sie müssen auch nicht, wie meine Enkelin Lisa, warten, bis Ihr Computer einen zweiminütigen Boot-Vorgang abgeschlossen hat).

Während also viele Unternehmen bereits von der Entwicklung und dem Vertrieb von Fusions-Produkten profitieren, gibt es viele weitere Möglichkeiten, aus der umwelt- (und bediener-)freundlichen Strategie Nutzen zu ziehen.

Open Source Design: professionelle Zusammenarbeit auf einer globalen Ebene

Designer und Führungspersönlichkeiten aus der Wirtschaft, die am Vorantreiben eines ökologisch nachhaltigen Produktionsmodells interessiert sind, müssen lernen, effektiver zusammenzuarbeiten. Ihr Interesse an gemeinsamen Zielen muss über jeglichem kreativen Egoismus stehen. Diese Vorstellung mag beinahe allzu offensichtlich klingen, stellt aber eine dramatische Abkehr von der heute üblichen Design-Praxis dar und beschreibt ein von meiner Frau Patricia inspiriertes Arbeitsmodell, das ich als *Open Source Design* bezeichne.

Sie sind wahrscheinlich gut vertraut mit dem Begriff *»open source«*, da er für Computersystem-Designs wie den IBM PC oder das Linux-Betriebssystem verwendet wird, aber im weitesten Sinne steht der Begriff für jedes Konzept, das eher einer ganzen Gemeinschaft nützt (und im Laufe seiner Entwicklung von ihr profitiert) als einigen wenigen Einzelpersonen. Gute Beispiele für Open Source Projekte in der Geschichte sind unter anderem die vielen Kathedralen in Europa und die Reisterrassen in Japan. Die meisten Open Source Projekte sind wegen der anfänglichen gemeinschaftlichen Bemühungen kommerziell erfolgreich.

Trotz des Erfolgs von Open Source Bemühungen um Computer-Software und -Hardware haben wir noch keine Open Source Lösung für ganzheitliche Produktentwicklung gesehen. Meiner Ansicht – und der meiner Frau Patricia – nach müssen wir eine derartige Initiative starten, weil der ökologische Einsatz anderenfalls zu hoch ist. Nur indem wir unser Wissen teilen und unsere Fähigkeiten auf globaler Ebene kombinieren, können neue Produkte wie das schadstofffreie Fahrzeug oder das digitale Gerät mit langem Lebenszyklus Wirklichkeit werden.

Wie beginnen wir? Ich glaube, dass gemeinsame Werkzeuge der Schlüssel zur Umsetzung einer Open Source Produktentwicklung sind. Ivan Illich – der österreichische Philosoph, Pädagoge, Priester und Gesellschaftskritiker – hatte großen Einfluss auf meine eigene Erziehung. Er beschreibt dieses alte Konzept vom Teilen (sharing) und einer offenen Zusammenarbeit in seinem Buch *Selbstbegrenzung. Eine politische Kritik der Technik,* in dem er bemerkt, dass die

Werkzeuge der gemeinschaftlichen Zusammenarbeit (oder Konvivialität, wie er es nennt) »... *jedem, der sie benutzt, die größte Chance bieten, die Umwelt mit den Früchten seiner oder ihrer Vision zu bereichern«.*

Die Entwicklung von Computer Software (Linux) und Hardware (Chips) hat schon eine große Geschichte im Open Source Design. Damals, Mitte der 1970er-Jahre übernahm Lee Felsenstein, ein Elektronikdesigner, der der Free Speech-Bewegung in Berkeley angehörte, die Idee des Gemeinschaftslebens und der Gemeinschaft-Spinnwände von der *counterculture* der USA in den 1960er-Jahren und wandte sie auf das Computerdesign an. Sein Ziel war es, mit vereinten Kräften neue Computer zu entwerfen und zu bauen, was durch die Verknüpfung der individuellen Bastler im ganzen Land möglich werden sollte. Er hoffte, so Gruppen von Menschen zusammenzubringen, die jedes Detail der Systeme, die sie nutzten, einschließlich Wartung und Reparatur, kannten und verstanden. Durch Felsensteins Idee, die die »Werkzeuge für Konvivialität« bereitstellte, wurde der gesamte Prozess des Designs von Computern selbst zu einem konvivialen Prozess.

Lees erster Schritt auf dem Weg zu seinem Ziel war die weitestmögliche Verbreitung der Baupläne eines Rechners innerhalb der damals erwachenden Tech-Community, um Vorschläge für die Verbesserung der Maschine zu sammeln. Diese Zusammenarbeit führte zum Design des »Tom Swift Computer Terminals«. Im Jahr 1975 gründeten Lee und einige seiner Kooperationspartner eine Organisation im Silicon Valley unter der Bezeichnung Homebrew Computer Club, eine lose Verbindung von Menschen, die die Idee eines kooperativen Computer-Designs voranbringen wollten. An dem ersten Treffen nahmen etwa 30 Menschen teil, aber innerhalb eines Jahres war die Gruppe auf etwa 600 Mitglieder angewachsen. Die Designs, die sie hervorbrachten – sogar diejenigen für kommerzielle Produkte, einschließlich Steve Wozniaks erstem PC – wurden in der Gruppe diskutiert und durch Ideen, die sich gegenseitig befruchteten, weiterentwickelt.

Nachdem Apple ein großer Start-up-Erfolg geworden war, übernahm IBM das Konzept der Open Source Entwicklung für seinen zweiten Vorstoß in die Welt der PCs. Der »IBM PC« war kein IBM-Produkt im herkömmlichen Sinne: Der Prozessor kam von

Intel, die Speichergeräte von Seagate und Shugart, die Disketten-laufwerke von asiatischen Herstellern und das Software-Betriebs-system von einem kleinen Start-up-Unternehmen namens Micro-soft. Tatsächlich stellte das gesamte Geschäftsmodell eine radikal neue Strategielinie dar. In einem im November 1984 in der Zeit-schrift *Creative Computing* veröffentlichten Artikel beschrieb P.D. Estridge IBM's »Vater des IBM PC« seine Strategie wie folgt:

»Es sind die Wahlmöglichkeiten, die IBM's Engagement für eine offene Architektur untermauern: Informationen und Spezifikationen bereitstellen, die andere ermutigen, Optionen und Programme zu entwickeln, die auf unseren Systemen laufen. Dieser Ansatz hat Hunderten von Unternehmen und Einzelpersonen ermöglicht, Hunderte von Hardware-Peripherien und Tausende von Anwendun-gen zu entwickeln, unter denen die Menschen für ihre jeweiligen IBM-Computer auswählen können.«

Estridge erkannte die potenziellen Vorzüge der Open Source Zusammenarbeit, anders als diejenigen, die sie weitgehend als potenzielle Bedrohung der kreativen Steuerung und Marktbeherr-schung betrachten.

Wie können wir also die Vorzüge von Open Source Gestaltung und Entwicklung auf unsere Bemühungen, eine »Weniger ist mehr«-Kultur in unseren industriellen Systemen zu fördern, nut-zen? Zunächst müssen wir fortschrittliche Standards festlegen, auf die Designer und Entwickler auf der ganzen Welt beim Erstellen von Konzepten für außergewöhnliche Bauelemente, Komponenten oder vollständige Produkte Bezug nehmen können. Mit einem Open Source System für Mobiltelefone, digitale Photo- und Video-kameras, Handheld Computer, Media Player, medizinische Senso-ren und Umwelt-Überwachungs-Systeme könnten sich Entwickler-gruppen in ihren Kooperationen darauf fokussieren, das bestmögli-che Display zu erschaffen oder die effizientesten Energiequellen zu finden oder Bauteile in neuen Anwendungen kombinieren – wie bei ökologisch nachhaltigen Mobiltelefonen.

Das Open Source Design weicht stark von dem heutigen »insu-laren« und markenexklusiven Ansatz ab, weil es ein System einführt, das es durch konzept-bestimmte Innovation und Auswahl möglich macht, Identität und Nutzen des jeweiligen Produkts selbst zu bestimmen. Die meisten Produktgruppen gleichen heute ohnehin Ansammlungen von Klonen, deshalb würde Open Source Design tatsächlich das Niveau der kreativen Qualität in den meisten Industrien steigern. Wie beim Bauen mit LEGO®-Steinen könnten Designer aus verschiedenen Designelementen mit gleichartigen Verbindungsmerkmalen auswählen, um etwas vollständig Einzigartiges zu erschaffen. Das Open Source System würde zu Einsparungen bei Werkzeug, Material und Recycling in mehreren Phasen des Produktlebenszyklus führen, weil es den Designern und Herstellern ermöglichen würde, aus einer Reihe von bewährten Bauteilen (Displays, Tastaturen, Gehäusen und Benutzeroberflächen) zu wählen. Diese Produkte kämen außerdem in den Genuss einer deutlich längeren Nutzungsdauer. Veraltete oder defekte Bauteile könnten leichter ersetzt werden und würden nicht zur Entsorgung des gesamten Produktes führen (die meisten kabellosen Gerätekomponenten haben verhältnismäßig lange Lebenszyklen).

Allein durch diesen Standard wird das Open Source Design unsere Sichtweise der Produkte verändern, die wir erschaffen. Anstelle der heutigen »Wegwerfmentalität« werden die Designer Produkte für größere und vielfältigere Märkte entwerfen, weil sie in der Lage sein werden, mit einer viel größeren Entwicklungsgruppe zusammenzuarbeiten, um Produkte zu entwerfen, auf den Kunden zuzuschneiden und auf den neuesten Stand zu bringen. Open Source Produkte können sich kontinuierlich, parallel mit ihren Nutzungsmöglichkeiten weiterentwickeln. Und durch die Verwendung gängiger Bauteile und Technologien in Kombination mit einem breiteren Anwender- und Entwicklerinput würden Open Source Gestaltung und Entwicklung auch zur Entwicklung von mehr – und besseren – Fusions-Produkten beitragen.

Vom industriellen Standpunkt aus betrachtet würde eine Open Source Strategie, wie ich sie vorschlage, die materiellen Ressourcen für die Produktion reduzieren, aber nicht notwendigerweise die Gewinne. Denken Sie darüber nach: Wenn ein größerer ODM Millionen von kabellosen Geräten bei eher mageren Gewinnspannen herstellt, so geht die Muttergesellschaft erhebliche Risiken im Zusammenhang mit den Schwankungen des Bestands und des Wechselkurses ein. Die Einnahmen zu halbieren und den absoluten Gewinn zu verdoppeln – was tatsächlich eine Vervierfachung bedeutet

–, würde eine wegweisende Leistung für fast jedes globale Unternehmen bedeuten. Und genau diese wirtschaftliche Verbesserung können wir durch Open Source Design realisieren.

Open Source Produktentwicklung würde die Schranken für die Markteinführung neuer Produktdesigns außerdem drastisch senken. Viele Unternehmen – insbesondere Start-ups – verschwenden unglaubliche Geldsummen, nur um ihr physikalisches Produkt (Hardware) auf den Markt zu bringen. In der Tat hat genau dieser Umstand dazu geführt, dass viele Risikokapitalgeber und andere Finanzquellen physikalische Produkte als »negative« Investitionen bezeichnen. Risikokapitalgeber finanzieren lieber zehn Software-Start-ups, bevor sie auch nur ein neues Hardware-Projekt übernehmen – was einer der Hauptgründe ist, warum unsere Software immer besser wird, während die Hardware farblos und generisch bleibt. Durch Senkung der Schranken für neue Produkteinführungen würden wir außerdem von einem bisher nie da gewesenen strategischen Vorteil profitieren. Stellen Sie sich vor: Bevor Geld in die Produktentwicklung, das Design oder die Konstruktion gesteckt wird, können Unternehmen und ihre Kunden neue Produkte »testen«. Ein einfacher Open Source Kreislauf mit programmierbaren Chip-Sätzen könnte fast jede vorstellbare Gerätefunktion simulieren.

Und als weiterer, aber sehr wichtiger Vorteil könnte dieses Modell als Kreuzung aus Open Source Komponenten und solchen, die spezifische Abnahmen oder lebensentscheidende Funktionalitäten, wie zum Beispiel medizinische Geräte, Transportmittel oder Flugzeuge, erfordern, beginnen. Betrachten wir zum Beispiel Blutzuckermessgeräte, die Diabetiker benutzen, um ihren Blutzuckerspiegel zu kontrollieren (Flextronics ist Entwickler und Hersteller dieser Messgeräte für Lifescan, ein Unternehmen, das frog's Design-Dienste in Anspruch nahm und später von Johnson & Johnson übernommen wurde). Diese Messgeräte verfügen über eine kurze Nadel, die die Benutzer in ihre Fingerspitze stechen, um einen Blutstropfen zu gewinnen, der dann auf einen Teststreifen getupft wird. Ein computergesteuerter Sensor in dem Messgerät misst den Blutzuckergehalt, übermittelt das Ergebnis dann über ein kleines digitales Display an den Benutzer. Neben der einfachen Anzeige setzen für dieses System entworfene Softwareprogramme die Messwerte in einen zeitlichen Kontext mit dem Biorhythmus des Benutzers.

Obwohl diese Blutzuckermessgeräte recht komplexe Geräte sind, werden sie zu unglaublich niedrigen Preisen verkauft. Der Hersteller verdient sein Geld mit den Teststreifen (ein Unternehmensmodell wie das für die alte Kodak-Kamera, wo der Filmverkauf das wahre Geschäft des Unternehmens war und die Kameras intern nur »Filmfresser« genannt wurden). Bedauerlicherweise ist die Technologie dieser Blutzuckermessgeräte weit davon entfernt, herausragend zu sein – die Geräte verlangen, dass die Benutzer sich selbst stechen, und das schmerzt. Um diese Unzulänglichkeiten anzugehen, arbeitete ein Spin-Off von HP's medizinischen Unternehmen namens Pelikan Technologies mit Flextronics an der Entwicklung einer neuen Messtechnologie, die sowohl einfach als auch möglichst schmerzfrei sein sollte. Dank dieser Technologie kann man dem Körper des Patienten mit dem Messgerät schmerzlos Blut entnehmen und den Blutzuckerwert direkt und ohne zusätzliche Verfahren messen. Weil Pelikan Technologies aber ein kleines Start-up ist, musste es zunächst ein komplettes Produkt um seine Innovation herum entwickeln, bevor es eine große Finanzierung bekommen konnte. Das bedeutet eine riesige Verschwendung von Unternehmensressourcen *und* kreativem Potenzial.

Ein Open Source Ansatz zum Bau eines besseren Blutzuckermessgerätes bestünde darin, die Aufgabe der Entwicklung einem Gremium von Fachleuten zu übertragen, die unmittelbare Erfahrungen mit Diabetes haben (in Anbetracht von geschätzten 21 Millionen amerikanischen Diabetikern sollte es genügend Experten für diese Aufgabe geben). Sie könnten miteinander kooperieren und die besten Bauteile eines jeden Herstellers wählen, die sie dann für die optimale und schmerzfreiste Lösung kombinieren würden. Durch neue Lösungsmodelle um bewährte, von der Arzneimittelzulassungsbehörde FDA zugelassene Teile ließe sich eher das optimale Design finden als mit den derzeit populären Strategien, wo jedes Unternehmen sein eigenes Süppchen kocht.

Was hält uns also zurück? Wir haben bereits eine größere Revolution im Verbraucherverhalten und in sozialen Netzwerken mithilfe des Internets gesehen, sodass der Schritt hin zu einer Open Source Produktentwicklung eine natürliche Entwicklung sein sollte. Diese Open Source Netzwerke könnten Ideen kritisieren, virtuelle Vorschläge Probe laufen lassen und an neuen Designs mitarbeiten. Produkte, die aus solchen Kooperationen resultieren, wären besser auf die Kundenbedürfnisse zugeschnitten, zu attraktiveren Preisen erhältlich und hielten einem globalen ökologischen Standard stand.

Ich glaube, dass das Open Source Entwicklungsmodell Fuß fassen wird, und die Designer und Wirtschaftslenker, die damit arbeiten können, werden in der neuen Wirtschaft gewinnen, während diejenigen, die den Schalter nicht umlegen können, verlieren werden. Wenn Sie der Meinung sind, dass ich hier falsch liege, denken Sie nur einen Moment an vergangene Paradigmenwechsel in der Technologie, die zum Untergang von globalen Marken und Unternehmen geführt haben. Da fällt mir z. B. Polaroid ein – ein Unternehmen, mit dem ich in den 1980er-Jahren gearbeitet habe. Die Leute waren so von ihrer erfindungsreichen Tradition und dem Geld, das sie durch ihren ursprünglichen Durchbruch mit dem sich »sofort« selbst entwickelnden Film gemacht hatten, geblendet, dass sie die aufkommende Bedrohung durch digitale Fotografie nicht erkannten.

Wenn wir die Zeit in das Jahr 1990 zurückdrehen, so bestand Polaroid's größter Vermögensgegenstand in einem weltweiten Kundenstamm, der sowohl die Kameras des Unternehmens als auch – was noch wichtiger war – seine Filme kaufte. Auf dem Papier wirkte Polaroid mit einem Umsatz von etwa drei Milliarden Dollar sehr agil. Intern haderte das Unternehmen aber mit der Vision seines Gründers und Erfinders Dr. Edwin Land. Anstatt das erfindungsreiche und innovative Denken weiter zu entwickeln, das diesen großen Erfolg überhaupt erst möglich gemacht hatte, verwandte Polaroid einen Großteil seines Kapitals auf seine Verteidigung gegenüber möglicher Nachahmertechnologien. Das Unternehmen weigerte sich, digitale Bildverarbeitung zu erforschen, selbst als neue Start-ups aus dem MIT entlang der Route 128 und auf dem Kendall Square aus dem Boden schossen und einen Blick auf die digitale Zukunft freigaben. Was Polaroid letztlich zu Fall brachte, waren seine Patent-zentrierte Haltung und sein starrer Fokus auf die Vergangenheit anstatt auf die Zukunft. Als die Technologie, die das Unternehmen so stark gegen seine Wettbewerber gemacht hatte, veraltete, veraltete auch das Unternehmen.

Aber was wäre geschehen, wenn Polaroid aufgeschlossener gewesen wäre, anstatt sich hinter seinen früheren Erfolgen zu verstecken? Stellen Sie sich vor, die Designer aus Polaroid's treuem weltweiten Kundenstamm hätten gemeinsam an einem Open Source »Bildsystem« gearbeitet, das auf dem vorhergehenden Erfolg des Unternehmens beruhte, aber nicht dadurch eingeschränkt wurde. Zunächst einmal hätte in dem Unternehmen eine ganz andere Einstellung geherrscht. Polaroid's Marken- und Produkterfahrung bezog sich auf Sofortbilder, nicht notwendigerweise auf Kameras und Sofortbildfilme. Eine Open Source Strategie hätte Polaroid auf dem Pfad der »Sofortbilder« gehalten, weil die Auswahl mit der Weiterentwicklung der Technik vielfältiger und flexibler geworden wäre. Open Source Partner hätten viele verrückte Dinge außerhalb der typischen Polaroid-»Box« ausprobiert. Außerdem bin ich mir sicher, dass eine solche Entwicklergemeinschaft einige frühzeitige Anwendungen auf der Grundlage der seinerzeit aufstrebenden digitalen Technologien, unter anderem PCs, Netzwerke und Content-Management-Systeme, erschaffen hätten. Polaroid wäre außerdem ein viel umweltfreundlicheres Unternehmen geworden, wenn es von chemikalienbelasteten Papierbildern auf digitale Technik und andere technologische Innovationen mit einem erheblich reduzierten ELF umgestellt hätte.

Die meisten Designer sind Individualisten und zeigen doch manchmal ein ganz schönes Revierverhalten im Hinblick auf ihr Design, aber als ich das Konzept des Open Source Designs mit meinen Studenten in Wien diskutierte, waren sie Feuer und Flamme. Wir beschlossen, mit der Idee zu experimentieren und hatten einen Riesenspaß. Eine Projektgruppe recycelte Olivetti's berühmte Valentine-Schreibmaschine von Ettore Sottsass und Perry King und verwendete sie für ein futuristisches Konzept eines tragbaren Computers. Als Sottsass im Verlauf des Semesters verstarb, nahm die Gruppe die Aufgabe noch ernster und erschuf neben dieser Hommage an Ettore auch einen extrem fortschrittlichen Computer. Jeder, der ihn sieht, liebt ihn und möchte ihn haben und benutzen – vielleicht finden wir sogar ein Unternehmen, das ihn auf den Markt bringt.

Aufbauend auf dieser positiven Erfahrung widmete ich dann dem Open Source Design ein ganzes Forschungssemester. Meine Studenten schlugen ihre eigenen Projektideen vor, über die dann diskutiert und abgestimmt wurde. Aus dieser Zusammenarbeit entstanden zahlreiche höchst interessante Ideen, unter anderem ein »Lufthelm« für das Leben in Smog-verseuchten Gebieten, ein Mobiltelefon mit modularer Hard- und Software (wobei letztere die besten Eigenschaften von Symbian, Apple, Google, Linux und Microsoft in sich vereinigt), ein »Rettungsroboter«, eine tragbare Meta-Factory, ein modularer Kinderwagen, ein »Emissionsfreies Fahrzeug« für das Nomadenleben, virtuelle Verkehrsschilder, ein digitales Fußballfeld, ein »Zauberflöten«-Synthesizer und ein Informationssystem für Alltagsobjekte unter der Bezeichnung »Third Space« *(etwa: Dritter Raum)*.

Sobald eine Gruppe meiner Studenten sich auf eine Idee einigt, machen wir uns an die Umsetzung. Unsere Arbeitsmethode unterscheidet sich fundamental von dem herkömmlichen Modell. Wir beginnen mit der Analyse eines ähnlichen Produktes oder einer vergleichbaren Technologie und verwenden dann das Gelernte als Ausgangspunkt für unser eigenes Design. Das Grundprinzip ist einfach: Finde das Gute, mache es besser und setze es in einen sinnvolleren und innovativeren Kontext. Die Studententeams können Ideen von anderen Teams übernehmen und für ihre eigenen Projekte verwenden – dies geschieht oft, wenn wir an Robotertechnik und Benutzeroberflächen arbeiten. Niemand bekommt eine einzelne Note für diese Projekte, weshalb die kollektive Energie durch Synergie verstärkt wird.

Allerdings stehen die individuellen Rechte am geistigen Eigentum dem Open Source Design im Weg. Wenn ich das Konzept des Open Source Designs öffentlich vorstelle, werde ich häufig gefragt, ob es nicht zu einem mit Nachahmerprodukten überschwemmten Markt führen würde. Das könnte sicherlich ein Problem sein, aber ich denke, es ist an der Zeit zu erkennen, dass viele der heutigen Produkte in gewisser Weise Nebenerscheinungen anderer Produkte sind. Wieder einmal dient der iPod als interessantes Beispiel. Apple verwendete die Software von Creative's digitalem Music Player und führte sie zum Erfolg – etwas, das Creative nicht geschafft hatte. Apple zahlte Creative 100 Millionen Dollar für die Rechte an deren Benutzeroberfläche, eine Vereinbarung, die letzten Endes für uns alle Vorteile hatte. Wir Verbraucher erhielten ein perfektes Produkt und eine perfekte Content-Lösung von Apple, wodurch das Hören von Musik faktisch frei verfügbar wurde. Mit Apple's iPhone wird diese Strategie der Innovation durch Kombination bewährter Technologien und Konzepte auf eine neue und bedeutsame Weise fortgeführt. Wenn man den Rechner des ersten iPhones öffnete, sah man eine exakte digitale Wiedergabe der Benutzerschnittstelle von Dieter Rams' Braun Taschenrechner aus den 1960er-Jahren (eine Schnittstelle, die beweist, dass wir meistens nichts »Neues«, sondern nur etwas »Besseres« brauchen).

Ein Schritt hin zu Open Source Design könnte uns auch helfen, aus der gesetzlichen Grauzone zu treten, die das Patentrecht umgibt. Das Recht am geistigen Eigentum war eine Erfolgssäule des Kapitalismus, aber wegen des Missbrauchs und der Inkompetenz der Rechtssysteme beantragen viele Unternehmen nicht einmal mehr Patentschutz. Wenn es in den USA z. B. billiger ist, eine oft unethische Klage beizulegen (sprich Lösegeld zu zahlen), als eine zu gewinnen, können Gesetze zum Schutz geistigen Eigentums und Systeme, die erpresserische Prozesse fördern, eine wahre Bedrohung für die Innovation darstellen – eine Bedrohung, die durch Open Source Gestaltung und Entwicklung verringert werden könnte.

Dies sind nur einige der zahlreichen Probleme, die meiner Meinung nach unseren Übergang zu einem Modell der Open Source Gestaltung, Produktstrategie und Produktentwicklung beschleunigen. Dieser Übergang ist nicht nur möglich, sondern auch notwendig. Aber um wirklich das Optimale aus der Open Source Zusammenarbeit zu machen, müssen wir verstehen, dass der Mit-Entwickler eines Produktes auch der Konsument desselben Produktes sein könnte. Das bedeutet: Die Zusammenarbeit kann noch einen Schritt über das formale, professionelle Modell des Open Source Designs hinaus zu einem Modell des Co-Designs innerhalb sozialer Netzwerke gehen.

Co-Design durch soziale Netzwerke: Kunden mitreden lassen – und beteiligen

Produktdesign ist und bleibt ein elitärer Beruf. Vereinfacht ausgedrückt wird wahre Designqualität niemals eine Frage von Demokratie sein. Abgesehen davon hat das Internet etwas ganz Wesentliches an der Art und Weise, wie Menschen kommunizieren und Beziehungen eingehen, verändert – und dazu zählen auch die Beziehungen von Verbrauchern zu den Produkten, Technologien und Dienstleistungen, die sie konsumieren. Angesichts dieser Veränderungen schlagen meine Frau Patricia und ich vor, dass Designer und Hersteller sich gemeinsam für ein Konzept des Co-Designs engagieren, an dem die Verbraucher beteiligt werden und das im Rahmen einer sozialen Netzwerkstruktur erfolgt. Ich werde noch erläutern, wie dies funktionieren könnte, aber lassen Sie uns zunächst betrachten, wie sich die gegenwärtige Verbraucher/Hersteller-Beziehung entwickelt hat.

In der Vergangenheit waren Konsumenten nur »Zahlen« für die Unternehmen, die von ihnen lebten. Für Designer und Hersteller gleichermaßen waren Verbraucher nur unwesentlich mehr als statistische Größen, die für Absatzprognosen oder zur Berechnung von Gewinnmargen nützlich waren. Marketingmanager charakterisierten Verbraucher nach ihren oberflächlichen Präferenzen und bezeichneten sie als »Nachahmer«, »Erfolgreiche Nachahmer«, »Eingegliederte« und »Bedürfnisgeleitete«. Selbst wenn Marketingleute versuchten, ihren Fokus auf »reale Menschen« zu richten, sahen sie dennoch normalerweise nur ihre eigene Version der Realität. Kurz gesagt hatten Unternehmen und ihre Marketingteams nicht immer eine vollständige und realitätsgetreue Vorstellung davon, wer ihre Kunden sind und was sie denken.

Jetzt, wo digitale Systeme und Web 2.0 »Shared-Content-Solutions« Raum und Zeit überbrücken, können Menschen an verschiedenen Orten in Verbindung treten, sich zusammenschließen und ihre Gruppenmacht als Verbraucher ausüben, um neue Produkte oder Technologien zu kaufen oder abzulehnen. Das Internet hat die Grenzen von Raum und Ort mit MySpace und anderen sozialen Netzwerken, wo menschliche Gemeinschaften mit gemeinsamen Interessen und Aktivitäten in Verbindung treten und miteinander kommunizieren können, aufgehoben. Verbraucher sind von passiven, durch Marketing manipulierten »*Subjekten*« zu machtvollen Partnern im Wirtschaftsprozess geworden. Deshalb ist es jetzt an der Zeit, die Verbraucher in den Designprozess zu integrieren – nicht als Sklaven der ästhetischen Auswahl des Designers, sondern als neuen Vortrupp, der die gesamte Vorstellung vom Massenmarketing auf den Kopf stellt.

Co-Design ist kein neues Konzept. In der Tat kommt es der pragmatischen amerikanischen Tradition nahe, verschiedene Menschen zusammenzubringen, um aus ihren besten Ideen, Ansichten und Prioritäten zu schöpfen, um etwas hervorzubringen, das für alle funktioniert, allen Vorteile bietet und von allen und für alle gestaltet wird. Man könnte sagen, die US-Verfassung liefert ein frühzeitiges Beispiel für Co-Design im amerikanischen Stil. Philosophisch betrachtet beruht Co-Design auf Immanuel Kants Vorstellung, dass wir uns auf den Verstand stützen müssen – was Kant als »A priori Wissen« bezeichnete – anstatt nur auf durch Lebenserfahrung gewonnene Informationen, um zu einer guten Lösung zu gelangen. Fast alles, was wir tun, baut auf etwas auf, das bereits existiert und einen Zweck erfüllt.

Zur Vorstellung, wie ein soziales Netzwerk für Co-Design funktionieren könnte, denken Sie an eine Kombination aus einem sozialen Netzwerk im Internet und einem digitalen eBay-artigen Markt, mit einigen Internetanwendungen zur Mitarbeit an der Produktentwicklung. Durch Verwendung dieses Modells könnten wir Gemeinschaften erschaffen, die tatsächlich mit Unternehmen bei der Entwicklung von Produkten, die ihren Bedürfnissen, Wünschen, Vorstellungen und Preisvorstellungen entsprächen, interagieren. Als Stakeholder hätten wir ein echtes Interesse am Prozess und seinem Ergebnis. In dem Co-Design-Modell würden die Kunden und Verbraucher – die heute nicht Teil des typischen Designprozesses sind – von Anfang an einbezogen. Der Co-Design-Prozess könnte sogar von erfahrenen Verbrauchern und Nutzern ausgelöst werden, die ein Produkt, eine Dienstleistung oder eine Erfahrung nachfragen, die kein Unternehmen bisher auch nur in Erwägung gezogen hat. Denn Unternehmen sind viel stärker als Verbraucher auf den Status quo fixiert.

Dieser Ansatz für Produktdesign hat das Potenzial für enorme ökonomische und ökologische Auswirkungen. Anstatt massenhaft gefertigte Produkte oder Dienstleistungen auf einen mehr oder weniger anonymen Markt zu werfen, könnten Unternehmen ihre Ressourcen für die Erschaffung von etwas verwenden, für das bereits eine Verbrauchernachfrage vorhanden ist. Dann könnten die Verbraucher einen wirtschaftlichen Deal machen. Sie könnten sagen: »Dies ist, was wir brauchen und wollen, und dies ist, von dem ihr gesagt habt, dass ihr es liefern könnt. Was kostet es und wann bekommen wir es?« Durch engere Verknüpfung von Angebot und Nachfrage können Unternehmen ökonomische und ökologische Verschwendung vermeiden – kein Rabatt, kein Abzug, kein Wegwerfen von Beständen.

Der durch Co-Design entstandene Prozess sollte darüber hinaus die Qualität von Produkten verbessern. Design, das auf Zielgruppen, Fokustests und stichprobenartigen Umfragen bei den Nutzern basiert, führt unvermeidlich zu durchschnittlichen Produkten und mäßigen Lösungen. Der Co-Design-Prozess, den ich vorschlage, beinhaltet einen Dialog, im Rahmen dessen potenzielle Kunden Unternehmen ihre speziellen Wünsche mitteilen. Die Designer können diese Wünsche dann in Konzepte umsetzen – Hardware bzw. Software –, die sie dann in enger Zusammenarbeit mit der Kundengruppe auf der einen Seite und den ODMs auf der anderen Seite weiterentwickeln können. Schließlich werden das Konzept, der Preis und der Zeitplan vertraglich festgelegt, die Aufträge und Vorauszahlungen gehen ein und der ODM entwickelt und fertigt das Produkt. Das Ergebnis wird im Wesentlichen genau das sein, was die Kunden bestellt haben. Weil die Unternehmen einen großen Teil der laufenden Geschäftskosten für Verwaltung und Marcom (Marketing und Kommunikation) einsparen können, werden Unternehmen dieses Arbeitsmodell finanziell reizvoll finden. Designer werden dieses Arbeitsmodell ebenfalls mögen, weil es eine persönlich lohnende Arbeitsbeziehung mit der Öffentlichkeit und eine kulturelle Vielfalt schafft, die unser gegenwärtiger Designansatz nicht bietet.

Natürlich bleibt eine große Frage bestehen: Wie können wir Co-Design Realität werden lassen? Vor dem Internet konnte diese Art der Kooperation nur auf lokaler Ebene stattfinden. Ein historisches Beispiel liegt etwa 180 Jahre zurück, als die Möbelhersteller Wiens Stühle und Tische in Zusammenarbeit mit Kaffeehauskunden und deren Architekten entwarfen. Ich war an einem deutlich jüngeren Beispiel beteiligt, als ich 1974 begann, mit Sony zusammenzuarbeiten. Damals hatte Sony ein Co-Design-Modell im Kleinen mit seinen Kunden in Tokio und London. Obwohl wir Konzepte, die speziell auf den Geschmack der einzelnen Kulturen und Standorte zugeschnitten waren, entwarfen, bedeutete die räumliche Entfernung, die uns von diesen Standorten trennte, eine große Einschränkung. Aber unser CEO, Akio Morita, pflegte zu sagen: »Unser Konzept für den Londoner Markt kann einen Marktanteil von zwei Prozent erreichen. Wenn wir diese Zahlen auf einhundert globalen Märkten erzielen können, haben wir enorme Chancen.« Und meistens klappte es.

Diese geografischen Schranken sind gefallen, und ich glaube, dass ein qualifiziertes, latent global verbreitetes Verbraucherengagement der zukünftige Trend des auf sozialen Netzwerken basierenden Co-Designs ist. Co-Design wird Unternehmen präzises Positioning und maßgeschneiderte Produktion ermöglichen und gleichzeitig finanzielle und materielle Ressourcenverschwendung reduzieren. Und, was ebenso wichtig ist, dieses Designmodell dient unserer globalen Kultur, da es sowohl persönlicher als auch nachhaltiger ist.

Gestaltung der neuen industriellen Revolution

Das Credo »Was gut für das Unternehmen ist, ist gut für die Welt« lässt sich zwangsläufig umkehren: Wenn etwas nicht gut für die Welt ist, ist es wahrscheinlich auch nicht gut für das Unternehmen. Weltweit verbinden Unternehmen die Punkte zwischen einem größeren Umweltbewusstsein und einer höheren wirtschaftlichen Nachhaltigkeit. Wir haben bereits gesehen, dass große Unternehmen Initiativen zur Förderung umweltbewusster Entscheidungsprozesse in Gang gesetzt haben. Der »Dow Jones Sustainability Index« zum Beispiel liefert Informationen darüber, wie Kapitalgesellschaften ihre Unternehmen führen. Diese Informationen haben ein starkes Potenzial. Der Index hat Apple veranlasst, seine ODMs aufzufordern, ihre Produkte ohne Verwendung von Giften, Quecksilber oder Cyankleber herzustellen. Aber der Nachhaltigkeitsindex ist nur ein erster Schritt – und meiner Meinung nach, ein verhältnismäßig kleiner – hin zu einem wachsenden Bewusstsein für die ökologischen Folgen von Massenproduktion und kurzfristigen Win-Win-Strategien.

Letztlich bin ich überzeugt, dass die Preise und Steuern für alle Produkte und Verfahren in Zukunft danach festgesetzt werden, wie viel oder wenig sie die Umwelt beeinträchtigen (was ich im vorhergehenden Kapitel als ökologischen Belastungsgrad oder ELF bezeichnet habe). Während wir uns alle zunehmend der nicht unbedenklichen CO_2-Spuren bewusst sind, die unsere Technologien, Lebensstile und unser Verbraucherverhalten hinterlassen, holt uns allmählich die Realität ein, dass unsere Gesundheit und unser Wohlbefinden stärker von dem Erhalt unseres blauen Planeten abhängen als von kurzfristigen Markttrenditen.

Angesichts dieser gigantischen Herausforderungen kann keine einzelne Disziplin – noch nicht einmal das Design – die Aufgabe im Alleingang in Angriff nehmen, Industrie und Unternehmen zu »begrünen«. Das Industriesystem ist zu komplex mit viel zu vielen verschiedenen Playern. Der Zyklus von Produktion, Verwendung und Recycling ist endlich, was bedeutet, dass nichts innerhalb dieses Kreislaufs einfach verschwinden wird. Und wir können nicht einfach etablierte Systeme wie unser Stromnetz oder Verkehrsnetze ausrangieren. Stattdessen müssen wir sie stufenweise und unter ökologischen Gesichtspunkten umwandeln. Wir haben bereits gesehen, wie Egoismus, spezifische Interessen und begrenzte Kompetenzen der Führungskräfte der Welt in Unternehmen, Wissenschaft, Politik und Industrie die Bemühungen um ökologischen Fortschritt behindert und den Fortschritt durch eng definierte Motivationen und Ziele begrenzt haben. Nichtsdestotrotz haben wir Designer kraft unserer Rolle in den Anfangsstadien des Produktlebenszyklus die einzigartige Chance, die Entwicklung nachhaltiger Produkte voranzutreiben. Aber wir schaffen es nicht allein.

Alix Rule, Politikstudentin in Oxford, unterstrich diesen Gedanken in ihrem *In These Times* Blog-Eintrag unter der Überschrift »The Revolution Will Not be Designed« *(etwa: Die Revolution erfolgt nicht durch Design)*. Rule schrieb, dass wir trotz des von den Designern geäußerten Optimismus mehr als nur eine »Alles-ist-machbar-Haltung« brauchen, um die »schlimmeren sozioökonomischen und ökologischen Folgen des Wachstums« anzugehen. Wie Rule bewundere ich den Progressivismus eines Großteils der gegenwärtigen Generation von Design-Denkern. Ich weiß aber auch, dass sie Recht hat, wenn sie sagt, dass die Überzeugung, dass Design die Welt ohne einen »kohärenten Satz von Ideen« retten kann, eine Art von Progressivismus darstellt, der »bestenfalls naiv« ist. Selbst wenn wir Designer die Welt retten *könnten*, müssen wir der Tatsache ins Auge sehen, dass viele von uns nicht über das Wissen verfügen beziehungsweise den Wunsch haben, nachhaltige Konzepte zu irgendeinem anderen Zweck zu erschaffen als für eine visuell ausdrucksvolle Aussage. Bei ökologisch-bestimmten Design geht es im Kern nicht um das »nächste neue Ding«, sondern um das »nächste bessere Ding«, und viele Designer empfinden dieses Ziel als äußerst langweilig und beschränkend. Deshalb müssen wir Designer auf starke Allianzen mit vorausschauenden Entscheidern in der Wirtschaft vertrauen, um nachhaltige Strategien zu entwickeln, die in der Welt, so wie sie ist, von Erfolg gekrönt sein werden und gleichzeitig dazu beitragen, die Welt so zu formen, wie wir sie haben wollen und sollten.

Aus all diesen Gründen wird das Begrünen unserer Industrieprozesse ein viel tiefer gehendes Verständnis unseres Potenzials erfordern. Die Ideen, die ich in diesem Kapitel dargestellt habe, umfassen Technologien, Produkte und Verfahren, die bereits verfügbar sind oder ohne Weiteres von vorhandenen Modellen übernommen werden können, wenn wir zu der harten Arbeit bereit sind, unsere Einstellungen und Herangehensweisen im Hinblick auf die Art und Weise, wie wir Unternehmen führen und Geschäfte machen, zu verändern. Wie wir gesehen haben, sind Fortschritte wie diese entscheidende Elemente für die Entwicklung beziehungsweise das Erschaffen nachhaltiger strategischer Geschäftsmodelle, die durch Innovation hin zu einer ökologischeren – und ökonomischeren – gesunden Zukunft gesteuert werden.

Die Fabriken

*»Das Zentrum der Macht befindet sich
in der Fabrik.«*

Akio Morita

Ich liebe Fabriken! Ich liebe sie seit meiner Kindheit, als ich mit
meinem Vater loszog, um in den Webereien in Reutlingen Stoff zu
kaufen, oder als ich mit meinen Verwandten im Ruhrgebiet eine
Tour durch die Stahlwerke machte und später, als ich im Rahmen
meines Elektrotechnikstudiums als Praktikant bei ITT an den
Fließbändern in einem Mercedes-Benz-Werk herumhing. Das effiziente Geratter der Maschinen, die Teamarbeit derjenigen, die sie
kontrollierten und die bloße Bandbreite der Arbeitsabläufe faszi-
nierten mich.

Das war vor über 40 Jahren, und obwohl die Fabriken aus meiner Jugend wahre Wunder waren, so sind die industriellen Werk-
stätten von heute doch wesentlich fortschrittlicher. Im Laufe meiner vier Jahrzehnte langen Tätigkeit in der Welt der Konsumgüter
habe ich gesehen, wie sich Fabriken von Modellen der effizienten
Fertigung zu Vorreitern der modernen Technologie entwickelt haben – ausgefeilter als jede andere bedeutende technologische Er-
rungenschaft der letzten fünfzig Jahre. Wir haben versucht, neue
kreative Geschäftsstrategien für ökologisch nachhaltigere Produkte
und Praktiken zu entwerfen und zu entwickeln, aber der Ort, wo
all diese Ideen schließlich lebendig werden, ist die Fabrik.

Schwungrat. Hartmut Esslinger
Copyright © 2009 WILEY-VCH Verlag GmbH & Co. KGaA, Weinheim
ISBN: 978-3-527-50492-3

Willkommen an der Maschine

Die meisten Menschen – und ganz sicher diejenigen, die beruflich nichts mit Fertigungs- und Supply Chain Management zu tun haben – kennen sich mit Fabriken nicht so gut aus wie sie sollten. Diese High-Tech-Betriebe spielen eine Schlüsselrolle in den Industrieprozessen und sind zu den wichtigsten Motoren der Veränderungen in der globalen Wirtschaft geworden – insbesondere der Veränderungen durch Outsourcing. In der Tat ist das Outsourcing inzwischen so unentwirrbar mit dem Fertigungsprozess verflochten, dass wir uns nicht genauer mit dem Einen beschäftigen können, ohne das Andere zu berücksichtigen.

Outsourcing ist für die arbeitende Klasse zum Paria geworden, und das aus gutem Grund. Es bedeutet fast immer den Verlust von Arbeitsplätzen vor Ort zugunsten billigerer Arbeit im Ausland. Das liegt daran, dass die Praxis zu einer ausschließlich auf den monetären Aspekt ausgerichteten Entscheidung von Unternehmensleitern geworden ist, die Outsourcing unmittelbar mit billiger Arbeit und niedrigen Kosten gleichsetzen. Alles Gerede über Outsourcing als Mittel zur Förderung kooperativer Innovation ist nach wie vor bloß Gerede – die Millionen von langweiligen Produkten auf dem Markt sind ein ausreichender Beweis dafür. Aber, wie ich in diesem Kapitel erläutern werde, kann Outsourcing auch durchaus eine positive Strategie sein – wenn die Verbrauchertechnologie-Industrie bereit ist, es mit einem anderen Ansatz zu versuchen.

Die gegenwärtige Form des Outsourcings bestimmt inzwischen die Fertigung, weil wir uns selbst in eine einzige weltweit vernetzte Wirtschaft hinein manövriert haben, deren Fabriken zum größten Teil in Asien und Osteuropa »brummen«. Wenn wir nun aus dieser Klemme ausbrechen wollen – und diese Tendenz nimmt in der westlichen Welt zu –, so müssen sich Designer und Hersteller integrativere und kooperativere Verfahrensweisen zu Eigen machen, wie zum Beispiel ihr noch schlafendes Potenzial in der globalen Technologie Supply Chain maximieren. Und es tut mir Leid, aber all diese fantasielosen, pfennigfuchsenden Führungskräfte, die nur wenig oder keine Erfahrung in der Fertigung haben, müssen einfach gehen. Wenn wir unser industrielles System wiederbeleben wollen, brauchen wir Führungskräfte und Entscheidungsträger, die ein grundlegendes Verständnis davon haben, wie Fabriken funktionieren.

Designer können dabei helfen, diese Führung bereitzustellen, aber auch sie müssen ein gutes Verständnis für die Arbeitsabläufe in der Fabrik haben. Produktdesign muss sich in die Produktion von Millionen von Einheiten übertragen lassen, und wenn wir in der Lage sein wollen, den Fertigungsprozess voranzubringen und zu verbessern, ist es sehr wichtig, dass wir jeden Schritt dieses Prozesses verstehen. All zu oft sehen Designer in Fabriken eher Beschränkungen als Potenzial. In der Tat haben Designer Fabriken lange Zeit als Feinde wahrer Kreativität gesehen. Wenn farblose Projekte vom Markt abgelehnt werden, suchen Designer die Schuld zunächst bei den Fabrikleuten. In Wirklichkeit handelt es sich aber bei 99 Prozent dieser »Ablehnungen« nicht um realisierbare Produktideen – sondern um halbgare Umsetzungen der Vision eines Designers, wie ein Produkt sein *könnte*.

Die konzeptuellen Trennungen zwischen Designern und ihren Herstellungspartnern haben ihr Potenzial für Konvergenz beschränkt. Das Ergebnis zeigt sich in mehr und mehr gattungsgleichen »Bilderrahmen«-Designs, die nur das Äußere vorhandener Produkte optimieren, anstatt ihre Form oder Funktion wirklich zu verbessern. Um aus diesem monotonen Modell auszubrechen, werden Designer ihre Studios verlassen und eigene Erfahrungen mit dem Zauber der heutigen Fabriken machen müssen. Dann können ihre Designs vielleicht einen Platz im Leben der Menschen und nicht nur auf den Hochglanzseiten von Stilmagazinen erobern.

Ich habe Produkte immer in engst möglicher Zusammenarbeit mit den aktiven Herstellern entworfen, gleichgültig ob es Fabrikarbeiter oder Softwareprogrammierer waren, und ich rate anderen Designern, es mir gleich zu tun. Wenn wir die Fähigkeiten der Menschen und Systeme, mit denen wir zusammenarbeiten, voll und ganz verstehen, können wir uns mit den »Produktioneuren« zusammentun und wirklich bis an die Grenze gehen. Nur durch Kooperation bei jedem einzelnen Schritt des Designprozesses können wir daran arbeiten, den Herstellungsprozesses zu verbessern, neue Ideen auszuprobieren, die Produkteinführungszeit zu verkürzen und Kosten und Abfall zu reduzieren. Wir Designer können nicht einfach verlangen, dass Hersteller eine großartige Arbeit leisten, wenn sie »unsere« Produkte produzieren. Wir müssen mit anpacken und bei dem Prozess helfen. Und glauben Sie mir, die Fabriken von heute sind mehr als nur fähig, ihren Teil dazu beizutragen.

Beinahe alle westlichen Markenhersteller lassen ihre Waren auf einer vertraglichen Basis bei ODMs in Asien oder Osteuropa herstellen, aber die meisten Unternehmensleiter – und die Designer, die mit ihnen zusammenarbeiten – erkennen nicht, dass diese asiatischen ODMs viel flexibler sind als ihre westlichen Gegenstücke. Diese Flexibilität stellt ein weitaus wertvolleres Gut dar als einfach nur billige Arbeit. Diese Fabriken nehmen so viele Kunden an, dass ihre Produkte sich häufig täglich ändern, und ihre Maschinen können spontan programmiert werden. Diese Flexibilität bietet Designern viel mehr kreatives Potenzial, wenn sie sich die Zeit nehmen, Seite an Seite mit den ODMs zu arbeiten und die Technologie zu verstehen, die sie beherrschen.

Natürlich bringt die Globalisierung ihre eigenen Herausforderungen für die Verbrauchertechnologie-Industrie mit sich. Design- und Produktionsprozesse werden unter verschiedenen Unternehmen aufgeteilt, und all das Outsourcen und Cross-Sourcen kann den meisten Designern frustrierend komplex erscheinen. Selbst technisch versierte Führungskräfte können ins Straucheln geraten, wenn sie durch diesen globalen Irrgarten navigieren. Aber wenn Unternehmen aus der Verbrauchertechnologie-Industrie wettbewerbsfähig bleiben wollen, müssen sich ihre Designer und Führungskräfte an die Arbeit machen. In der neuen und sich stetig weiterentwickelnden Weltwirtschaft, werden diejenigen, die sich mit Konstruktion und Herstellung auskennen, einen Vorteil gegenüber denjenigen haben, die sich nur im Branding und Vermarkten von Produkten auskennen. Deshalb ist es lebenswichtig, dass wir alle etwas über Fabriken lernen, vielleicht sogar sie zu lieben.

Die hohen Kosten der ›Billig-Produktion‹

Wenn ein westliches Unternehmen mit einer in Asien ansässigen Fabrik arbeiten will, muss es sich der Frage des Outsourcings stellen. Es gibt viele Möglichkeiten des Outsourcings, aber trotz wichtiger Unterschiede werden sie häufig verwechselt. *Offshoring* ist die Verlagerung einer unternehmerischen Funktion – Fabrik oder Unternehmenseinheit – ins Ausland. Beim *Outsourcing* werden Verträge mit Fremdlieferanten über Dienstleistungen oder Material mit oder ohne ein gewisses Maß an Offshoring geschlossen. Outsourcing mit mehr als einem Partner bezeichnet man als *Multi-Sourcing* – eine recht gängige Praxis bei der Produktion größerer IT-Projekte. Mit der kontinuierlichen Entwicklung der weltweiten Kooperation verschwimmen die Unterschiede zwischen diesen Arbeitsabkommen zunehmend, aber es ist dennoch wichtig, dass wir sie verstehen, wenn wir an der Ausgestaltung unseres eigenen Produktlebenszyklus-Prozesses arbeiten.

Wenn ein Unternehmen einen größeren Teil seines Geschäfts ins Ausland verlagert wie beim Offshoring, riskiert es, sich die Arbeiter zu entfremden und – zu einem gewissen Grad – seine soziale Integration daheim aufs Spiel zu setzen. Im Austausch für diese Risiken reduziert das Unternehmen möglicherweise seine Kosten durch billige Arbeit, Anreize seitens der ausländischen Regierung und lockerere rechtliche und steuerliche Vorschriften. In den 1980er-Jahren veränderte Singapur seine Gesetze, um ausländische Unternehmen anzulocken. Der Plan ging auf. Philips siedelte seine Unterhaltungselektronikabteilung nach Singapur um, Panasonic brachte eine größere Audiounternehmenseinheit mit und HP richtete seine Drucker- und Rechnereinheit dort ein. Diese und andere neu umgesiedelte Unternehmen reduzierten ihre Kosten und wurden wettbewerbsfähiger.

Doch dann zeigten sich gewisse Risse in diesem Geschäftsmodell. HP musste zahlreiche »Ex-Pats« (ausländische Mitarbeiter) nach Singapur bringen, was tatsächlich erheblich mehr kostete, als wenn das Unternehmen diese Mitarbeiter weiter in den Vereinigten Staaten beschäftigt hätte. Und das Unternehmen kämpfte mit der Herausforderung, den »HP-Weg« in der neuen Umgebung beizubehalten und weiterzugehen – was ebenfalls mehr als geplant kostete. Letzten Endes lagerte HP die Ausführungsplanung, Herstellung und Logistik für seine lebenswichtigste Geschäftssparte, seine Drucker, an Flextronics – das größte Outsourcing-Unternehmen der Welt – aus. In der Tat erwarb Flextronics mehrere Offshore-Fabriken, deren ursprüngliche Eigentümer auf ausländischem Boden nicht gut zurechtkamen –

ein Schritt, der zu einer wichtigen strategischen Innovation für das Geschäftsmodell des Offshoring wurde.

HP's Erfahrung veranschaulicht eine Realität, die eine der wichtigsten Herausforderungen des Offshoring ausmacht: Was »Zuhause« gut läuft, läuft im Ausland möglicherweise überhaupt nicht gut. Die Partnerschaft des Unternehmens mit Flextronics liefert auch ein perfektes Beispiel dafür, wie Offshoring zu Outsourcing mutieren kann – mit noch besseren Ergebnissen.

Viele Unternehmen wählen den Weg des Outsourcens, um Geld zu sparen oder bestimmte Kompetenzen auf den Tisch zu bringen, aber Outsourcing kann auch ein Versuch sein, auf dem Marktplatz aufzuholen. 1983 verfügte Apple über kein unternehmensinternes Produktwissen und das Outsourcen mit kompetenten Partnern wie Sony, Samsung und Canon half dem Unternehmen, in kürzester Zeit Weltklasseprodukte zu produzieren. Damit das Outsourcing zu einem solchen Erfolg wird, muss es eine echte Partnerschaft geben, bei der ein Unternehmen das Management und das Alltagsgeschäft einer gesamten Unternehmensfunktion dem Outsourcing-Anbieter überträgt.

Zahlreiche Unternehmensleiter und -eigentümer hassen es, diese Kontrolle abzugeben, tun es aber dennoch, um die finanziellen Ziele ihres Unternehmens zu verbessern. Deshalb funktionieren Outsourcing-Verhältnisse häufig am besten, wenn sie sorgfältig in speziellen Verträgen festgelegt werden, die die Performance-Ziele und nicht nur die Meilensteinzahlungen umreißen.

Outsourcing hat aufgrund der Wahrnehmung, dass ausländische Unternehmen heimische Arbeitsplätze stehlen, schon immer einen Nerv getroffen. Aber viele dieser Arbeitsplätze sind von Führungskräften, Managern und Anteilseignern ins Ausland verlagert worden, denen sowohl die Tücken als auch die einzigartigen strategischen Chancen des Outsourcens gleichgültig oder unbekannt sind. Nur sehr wenige Führungskräfte wagen es vorauszudenken, eine Strategie für langfristigen Erfolg festzulegen, der auf dem Aufbau wertvoller Vermögensgegenstände mit vertikal integrierten Prozessen, Innovation und einer bemerkenswerten und verteidigungsfähigen Unternehmenskultur (was alles zu einem Mehrwert führt) beruht. Stattdessen suchen viele nach dem billigsten Produktionsbetrieb im Ausland und ernten dafür den Beifall der Wall Street –

zumindest war dies der Fall, als die »Zahlen« noch gut waren. Aber heute erkennen eine wachsende Anzahl von Konsumenten und Produzenten gleichermaßen, dass die absurd niedrigen Preise einiger Güter aus dem Ausland häufig mit grausamen Arbeitsbedingungen und Abstrichen bei Qualität und Sicherheit einhergehen. Die jüngsten Rückrufe von in China hergestelltem Spielzeug bis hin zu Medikamenten haben das hässliche Gesicht dieses Prozesses ans Licht gebracht, und beide Seiten der Outsourcing-Partnerschaft bezahlen teuer dafür.

Weitsichtige Wirtschaftslenker entwickeln ein breiteres und detaillierteres Verständnis sowohl für die Vorteile als auch die Kosten von starken Outsourcing-Verhältnissen. (Ich bezeichne diese Abkommen als »Smart Sourcing« und werde später in diesem Kapitel noch darauf zu sprechen kommen.) Sie erkennen, dass einige dieser Kosten nicht nur einmalige Transaktionen sind, sondern nicht enden wollende Verluste bedeuten. Unternehmen (und Gesellschaften) erleiden zahlreiche Verluste, die ihre Identität bis ins Mark bedrohen können, wenn Outsourcing-Verhältnisse nicht gut gestaltet oder gut gemanagt werden, und diese Verluste sind es wert, im Einzelnen betrachtet zu werden.

Verlorenes Produktwissen

Outsourcing mag als junges Industriephänomen erscheinen, aber ich machte bereits 1966 Bekanntschaft damit, als ich im Rahmen meines Ingenieurstudiums Praktikant in der Abteilung Qualitätskontrolle bei ITT's deutschem Elektronikunternehmen Schaub-Lorenz/Graetz war. Unsere deutschen Designs für tragbare Radios – damals der letzte Schrei bei den jungen Leuten – waren qualitativ sehr hochwertig. Aber angesichts von Preisen zwischen 100 und 190 DMark waren sie etwas zu teuer, um Kassenschlager zu werden. Kurz bevor ich bei ITT anfing, hatten Führungskräfte dort die Idee, eine kostengünstige Marke namens »Oceanic« auf den Markt zu bringen, die im Einzelhandel für 29 bis 99 DMark verkauft wurde. Um diesen niedrigen Preis zu erreichen, sollten die Radios von ITT's europäischen Ingenieuren und »Stilisten« entworfen und konstruiert, aber dann von den japanischen Unternehmen Sanyo und Silver hergestellt werden. Etwa sechs Monate später erhielten wir die erste Probelaufproduktion zum Testen. Unsere japanischen Partner hatten die Anzahl der für das Radio benötigten Teile erheblich reduziert, aber das Sound-Qualitäts-Verhältnis blieb in einem akzeptablen Rahmen.

Doch die Katastrophe schlug mit den ersten richtigen Lieferungen zu. Die Produkte verfehlten das Mindestqualitätsverhältnis von 1 Ausfall pro 10 000 Stück. Die Produkte zurückzuschicken war keine Option. Der Versand zwischen Japan und Europa dauerte damals etwa sechs Wochen. Das bedeutete, dass *jedes einzelne Gerät* von Hand überprüft werden und fehlerhafte Teile ersetzt werden mussten. Wir mussten das Gehäuse öffnen, die Platine herausnehmen, eine fehlerhafte Diode heraustrennen und dann manuell eine neue hineinlöten. (Diese Erfahrung lehrte mich viel über die Arbeit mit elektronischen Platinen.) Nach einem erneuten Test des Geräts mussten wir das ganze Ding wieder zusammensetzen und so in seine Verpackung gleiten lassen, dass der Verbraucher nicht bemerkte, dass es schon einmal herausgenommen worden war. Durch dieses Verfahren erhöhten sich die Stückkosten um etwa zehn DM pro Einheit, was etwa 35 DM im Einzelhandel entsprochen hätte.

Dann folgte »Stufe Zwei« von ITT's Verlusten durch dieses Vorhaben. Nach etwa zwei Jahren hatten Sanyo und Silver die Lektionen der Unterhaltungselektronikherstellung gelernt und begannen höherwertige Produkte zu produzieren – und ihre eigenen Elektronikprodukte auf dem europäischen Markt einzuführen, unter anderem hochleistungsfähige Radios. Ihre Radios ähnelten denen von ITT im Hinblick auf Elektronik und optisches Design, kosteten aber etwa 30 Prozent weniger als unsere. Letzten Endes verkaufte ITT seine Unternehmenseinheit Unterhaltungselektronik komplett, was bedeutete, dass zahlreiche fähige Ingenieure und Arbeiter ihre Arbeitsplätze verloren – das schmerzte insbesondere die Gemeinden in Pforzheim und Bochum, wo einige Jahre später sogar alle Fabriken geschlossen wurden.

Wie bereits gesagt, erfordert Outsourcing den Transfer von Know-How, nicht nur von Arbeit. Und wenn Organisationen ihre Herstellungsfunktionen vergeben, können sie damit letztendlich ihr ursprüngliches Produktwissen und ihre Fertigkeiten aushungern. Designer und Ingenieure blühen auf, wenn sie gebeten werden, Antworten auf menschliche Herausforderungen zu finden, die Kultur voranzubringen und den Markt zu inspirieren, aber sie *brauchen* die Fabrik und ihr Unterstützungssystem als Nahrung. Ich habe wirklich großartige Ingenieur- und Designteams ihren professionellen Vorsprung innerhalb von drei bis fünf Produktgenerationen verlieren sehen, nachdem die Unternehmen mit dem Outsourcing begonnen hatten. Die heutigen High-Tech Produkte haben einen Lebenszyklus von etwa neun bis achtzehn Monaten, sodass dieser Absturz in weniger als drei Jahren geschehen kann. Die Macht liegt in den Fabriken, und genau darauf müssen wir im Westen unsere Anstrengungen im Hinblick auf das Erschaffen einer klügeren, umweltfreundlicheren Supply Chain Strategie richten.

Verlorene Fertigungsfertigkeiten

Heute befinden sich einige der brillantesten Produktionsanlagen in der Geschichte der Menschheit – ausgestattet mit der topmodernsten deutschen und japanischen Produktionstechnologie – in China. Gerade im Laufe der vergangenen Jahre hat mich die Erkenntnis geschockt, wie die enormen Fähigkeiten dieser Fabriken von westlichen Unternehmen verschwendet werden, die sie zur Herstellung primitiver Produkte mit schändlich nichtssagenden Designs und mit sich schmerzhaft wiederholender Technologie einsetzen. Im Wesentlichen sind wir an einem entscheidenden Punkt in der Industriegeschichte angekommen: Taiwan und China haben ihr Wissen in den Bereichen Produktion und Supply Chain Engineering schneller weiterentwickelt als der Westen. Produktdesign und -Implementation könnten bald folgen.

Deshalb müssen wir mehr Führungskräfte und Fachleute überzeugen, eine tiefe Zuneigung zur und ein großes Verständnis für die Fertigung zu entwickeln. Wir brauchen Ingenieure, Designer und Produktmanager, die wirklich Arbeitszeit in Fabriken verbringen. Tatsächlich war das die ursprüngliche HP-Arbeitsweise. Ingenieure und Designer arbeiteten direkt in der Fabrik und wurden nur durch Glaswände von den Fließbändern getrennt. Ich erinnere mich an einen HP-Komplex, wo sich der mit Glaswänden umschlossene Raum in der Mitte befand und die Fließbänder drum herum »kreisten«.

Viele Designer von heute sind Opfer eines bequemen Lifestyles. Sie glauben, dass ihre Inspiration ausschließlich innerhalb der schicken Umgebung ihres Studios und den Bistros und Bars der Nachbarschaft liegt, aber diese Denkweise ist nur eine künstliche, selbst auferlegte Beschränkung. Ich persönlich werde immer noch durch den Rhythmus der Fließbänder und die gut kalibrierten Prozesse der Industriefertigung inspiriert. Ich kann mir vorstellen, was die Fabrik für mich tun kann und was ich tatsächlich mit der Fabrik tun kann. Für mich ist eine Fabrik mit ihrem Potenzial, der Kreativität Leben einzuhauchen, wie ein Konzert-Flügel. Wir sind nicht darauf beschränkt, nur eine Note auf einmal anzuschlagen – wir können echte Musik machen, wenn wir unser Instrument beherrschen.

Die traurige Wahrheit ist, dass die Ikonen der westlichen Elektronikindustrie diejenigen sind, die die Migration von Arbeit in die Billiglohnländer der Welt initiiert und angetrieben haben, und jetzt sind diese Industrien und ihre Hersteller völlig vom Outsourcing abhängig. (Die einzige Ausnahme bildet Japan, dessen industrielle Leistungsfähigkeit und strategische Mentalität viel zu lange unterschätzt wurde.) In seinem gnadenlos pessimistischen Buch *The Hollowing of America* (etwa: Das Aushöhlen von Amerika) beschreibt James A. Cunningham, wie viele High-Tech Unterhaltungselektronik-Ikonen – darunter Motorola, Apple, HP, Dell und Kodak – zu einfachen Vertriebsunternehmen in Asien hergestellter Produkte verkommen sind. Cunningham beschreibt in seinem 2006 erschienenen Buch ausführlich das Schrumpfen von Arbeitsplätzen in der Fertigung und des produktiven Outputs in Amerika und endet mit dem Szenario einer großen wirtschaftlichen und sozialen Krise für die Vereinigten Staaten. Heute haben wir das Ausbreiten dieser Krise erlebt und ihre Auswirkungen waren und sind auf der ganzen Welt spürbar. Es ist aber wichtig, dass wir alle sowohl den Ursprung als auch die Kosten einer erschöpften Fertigungskultur verstehen – und dass diese Kosten verlorenes Fachwissen und nicht nur verlorene Arbeitsplätze beinhalten.

Verpasste Chancen zur Innovation

Der am stärksten wahrgenommene wirtschaftliche Vorteil von Outsourcing oder Offshoring in der Fertigung sind die niedrigeren

Kosten. Aber um erheblich niedrigere Kosten zu erreichen sind normalerweise fraktionierte, also zerlegte Verfahren notwendig, die zu niedrigerer Qualität, höheren Kosten und begrenzten Innovationen führen. Damit wir diese versteckten Kosten verstehen, lassen Sie uns zunächst mit den Herausforderungen beginnen, die es bedeutet ein Produkt zu entwickeln dessen Herstellung schließlich ausgelagert werden soll.

Zunächst einmal muss der Produktentwicklungsprozess (einschließlich der Software) effizient sein. Aufgaben müssen genau festgelegt und Sachen wie notwendige Features, Performance Benchmarks, Zeitplan und Budget präzise überwacht werden. Gleichwohl dieser Ansatz ziemlich logisch erscheint, so erfordert er doch, dass selbst in den frühen Stadien des Prozesses eine vollständige Dokumentation mit allen vollständig aufgeführten Spezifikationen vorliegt. Es ist nur wenig Interaktion zwischen Entwicklern und Herstellern möglich, weil jede Interaktion eine »Veränderung des Spielraums« bewirken könnte, was wiederum zu einem Anstieg der Entwicklungskosten führen könnte. Zuguterletzt lenken alle zusätzlichen Bemühungen, die auf die frühzeitige Dokumentation, Kontrolle und Verifikationen verwandt worden sind, von der *wesentlichen* Arbeit ab, nämlich ein starkes Produkt zu entwickeln. Dies ist der Entwicklungsprozess im schlimmsten – und kostenträchtigsten – Fall.

Die Fertigung von tragbaren Computern ist ein gutes Beispiel für eine solche Entwicklung und für jede Art von Pfennigfuchserei besonders empfänglich. Kein aktueller OEM (Original Equipment Manufacturer) Marktführer – abgesehen von Apple – verfügt über eine strategisch vereinheitlichte Palette von Zubehörteilen wie Netzgeräten, Kabeln und Kopfhörern für seine Computer, und zwar 1) weil diese Unternehmen das Geld nicht ausgeben wollen und 2) weil sie in dem Herstellungsprozess ihrer Outsourcing Partner gefangen sind. Wenn ein OEM standardisierte Zubehörteile haben will, muss er Zeit und Geld dafür aufwenden, seine ODMs und Lieferanten mit Fertigungsplanung und internen Standards auf seine Seite zu bringen. Und das bedeutet – Huch! – Zusammenarbeit. Apple unternimmt diese zusätzlichen Anstrengungen, andere nicht.

Die schwierigen Fragen stellen

Wenn ein Unternehmen Offshoring oder Outsourcing in Betracht zieht (normalerweise die bessere der beiden Wahlmöglichkeiten), sollte sich die Führungsetage einige Fragen stellen, bevor man den Schritt wagt:

- **Was können Sie tun, um Ihr Unternehmen daheim zu verbessern?**
  Vielleicht müssen Sie gar nicht outsourcen, um Ihre Probleme zu lösen. Fehlerhafte Prozesse oder eine schlechte Unternehmenskultur zu exportieren, ist das Rezept für eine wirtschaftliche Katastrophe.
- **Gehen die Zahlen wirklich auf? Sind Sie für einen langen Kampf auf Grundlage dieser Zahlen bereit?**
  Überdenken Sie die Kosten, die mit diesem Fremdauftrag einhergehen, sorgfältig. Wenn sie hoffen, dass Outsourcing Ihnen einen Wettbewerbsvorteil verschafft, müssen Sie bereit sein, hervorragende Arbeit zum langfristigen Gelingen dieser Strategie zu leisten, da viele Ihrer Wettbewerber es Ihnen gleichtun werden.
- **Unterstützt Ihre aktuelle Belegschaft diese Entscheidung?**
  Ohne positive Unterstützung durch ihre aktuelle Organisation und ihrer »Lebensader« – der Arbeitserfahrung und -fertigkeiten – vor Ort ist jedes Outsourcingvorhaben zerbrechlich.
- **Sind Sie mit den Gesetzen und Behördenstrukturen des ausländischen Standortes, den Sie für einen Offshore-Betrieb in Betracht ziehen, vertraut (bzw. fühlen Sie sich damit wohl)?**
  Sie können diese Fragen nicht von Ihrem Schreibtisch im heimatlichen Büro aus beantworten. Sie werden in das Land reisen und mit den Einwohnern, Beamten und Kollegen, die dort leben und arbeiten, sprechen müssen.

Ein weiteres »schmutziges Geheimnis« von schlecht gemanagtem Outsourcing ist, dass OEMs und Markeninhaber häufig die Chancen vergeben, von Mehrwerten zu profitieren, die von den ODMs geliefert werden könnten, mit denen sie einen Vertrag geschlossen haben. Das liegt daran, dass die OEMs strenge Kontrolle über Einkaufsverfahren und Budgets behalten wollen. Einige Marktführer verdanken einen Großteil ihres Wettbewerbsvorteils ihrem Einkaufs- und Supply Chain Management. Lassen Sie uns als hypothetisches Beispiel annehmen, dass Dell seine Notebooks der nächsten Generation für drei oder vier ODMs in China spezifiziert, mit dem Plan, mindestens zwei von ihnen zu beauftragen. Dell's Ersuchen um Angebote würde gewisse Elemente enthalten – Chipsätze, Speicher, Batterien und Displays zum Beispiel –, die das Unternehmen direkt kauft. Auf den ersten Blick könnte diese Direktkauf-Strategie eine gute Idee sein, weil man Mehraufwand vermeidet.

- **Wie gut sind die Aussichten für umweltfreundliche Verfahren und Sicherheit? Könnte man einen guten Mittelweg finden?**
  Die Kosten und Risiken für das Jonglieren mit globaler Logistik steigen ebenso wie das Verantwortungsbewusstsein für die Umwelt. Wenn das Land, das Sie als Offshore-Standort in Betracht ziehen, keine Umweltschutzgesetze durchsetzt, müssen Sie selbst über Ihre Kohlendioxidemissionen, Ihren Energieverbrauch und Ihre Freisetzung von Schadstoffen wachen, wenn sie langfristig ein verantwortungsbewusstes und rentables Unternehmen bleiben wollen.

- **Können Sie eine »Partnerschaft« mit der dortigen Kultur eingehen?**
  Sie gehen nicht nur eine Partnerschaft mit ausländischen Fabrikbesitzern ein, Sie integrieren Ihr Unternehmen in eine fremde Kultur. Um herauszufinden, wie gut dieser Aspekt der Partnerschaft funktionieren könnte, nehmen Sie einige Ihrer eigenen Leute mit und verbringen Sie dort »Lebenszeit« – besuchen Sie Sportveranstaltungen, essen Sie auswärts, gehen Sie ins Theater, besuchen Sie Konzerte und lernen Sie etwas über die Lokalpolitik.

- **Eröffnet Ihnen dieses Arrangement einen neuen regionalen Markt? Können Sie durch zusätzliches Wachstum Potenzial gewinnen?**
Arrangements, die zu mehr als nur reduzierten Produktionskosten führen, verringern die Risiken von Offshoring und Outsourcing.
- **Ist es ein strategischer Zug, der Ihnen womöglich einen langfristigen Wettbewerbsvorteil verschafft?**
Sie müssen versuchen sich vorzustellen, was die Zukunft dieser Beziehung bringen wird, bevor Sie die Räder des Abkommens in Gang setzen, weil es später sehr schwierig wird, die Bremsen zu betätigen.

Aber diese Teile machen etwa 70 Prozent der Kosten für ein Notebook aus, sodass dieses Arrangement dem ODM nur sehr geringen Spielraum für die Erstellung eines wettbewerbsfähigen Angebots lässt. Oftmals fordern OEMs »offene Bücher«, was bedeutet, dass die ODMs die Kontrolle über ihre Gewinne verlieren. Ich habe sogar von Deals gehört, bei denen der ODM gezwungen wurde, eine Zeit lang einen »garantierten« Verlust fortzuschreiben, um ein Großverkäufer werden zu können.

Aber das sind nicht die schlimmsten Verluste des aufgespaltenen Entwicklungsprozesses. Alle guten ODMs wie Foxconn, Wistron, Inventec, Quanta oder Mitec haben starke Konstruktionsqualitäten. Sie sind nicht nur in der Lage, eine vorhandene Spezifikation zu verbessern, sondern können vielleicht sogar einen insgesamt besseren Computer entwerfen und konstruieren, und zwar zu einem niedrigeren Preis. Aber angesichts der wirtschaftlichen und verfahrensmäßigen Praxis der Anforderungen könnten die ODMs sogar ihre Unternehmen schädigen, wenn sie ihren Kunden diese Verbesserungen vorschlügen. Mit niedrigeren Kosten würde der ODM seine Einnahmen und die des Sub-Verkäufers, der von dem OEM kontrolliert wird, senken. Und durch die Verbesserung des Designs eines Kunden läuft der ODM Gefahr, sich in der F&E-Abteilung des Kunden Feinde zu machen.

Mit anderen Worten, der fraktionierte Prozess, den die meisten OEMs für die Entwicklung von Produkten zur Fertigung im Rahmen von Outsourcing oder Offshoring verwenden, führt zur Verringerung – nicht zur vollständigen Verhinderung – der Einsparungen, die die Unternehmen durch Verlagerung ihrer Fertigungsarbeit ins Ausland erzielen könnten.

Verlorene wirtschaftliche Stabilität

Niedrige Kosten und niedrige Gehälter, ein produktives politisches sowie ein Bildungssystem, das nachhaltiges wirtschaftliches Wachstum unterstützt, und eine günstige geographische Lage ziehen Investoren und Verbraucher an. Das ist genau die Formel, nach der Kapitalgeber, die immer nach dem höchsten erwarteten Ertrag und dem geringsten angenommenen Risiko streben, suchen. Diese Formel gilt heute für China und Indien und (überraschenderweise) für Osteuropa genauso wie in den 1980er-Jahren für Singapur. Aber die Verlagerung von größeren Herstellungsbetrieben von einer Gemeinde in eine andere (oder beim Offshoring von einem Land in ein anderes) setzt ein Auf und Ab der wirtschaftlichen Stabilität in Gang, die tiefgreifende und weitreichende Auswirkungen haben kann.

Betrachten wir zum Beispiel Nokia, ein Unternehmen, das Anfang 2008 ankündigte, sein deutsches Werk – das zwar hohe Gewinne brachte, aber nicht genug – nach Cluj in Rumänien zu verlagern. Cluj hat eine Technische Universität mit einem guten Ruf und die Technologiediplomanden sind bereit, für weniger als ein Viertel des von Westeuropäern geforderten Gehalts zu arbeiten. Nokia's Gesamtinvestition für diesen »Umzug« betrug die Kleinigkeit von 90 Millionen US-Dollar, aber natürlich verlagerte es auch sein High-Tech Know-How in das winzige Cluj.

Die Rumänen wissen nun aber genau, dass Nokia nicht bleiben wird. Letzten Endes werden die Kosten und Gehälter dort steigen, und die Rumänen rechnen durchaus damit, dass das Unternehmen, wenn dies geschieht, weiterzieht. Eine große Bukarester Zeitung charakterisierte die Vereinbarung mit Nokia als einen »Deal mit den Heuschrecken« und prognostizierte, dass Nokia den Cluj-Komplex nach etwa zehn Jahren verlassen wird. Die Zeitungsverleger erinnerten die Leser daran, wie Nokia die deutschen Fabrikstädte und -arbeiter behandelt hatte, und drängten die rumänische Führung, »Nokia auszusaugen«, bevor das Unternehmen dasselbe mit Cluj machte. Eine Strategie, die die Zeitungsverleger vorschlugen, war, separate Betriebsstätten zu errichten, die denen von Nokia glichen und dann westliche Spezialisten einzuladen, um daraus Kapital zu schlagen. Dieses Beispiel zeigt, dass das wirtschaftliche Spiel in eine Phase eingetreten ist, in der alle Teilnehmer die gnadenlose Realität der heutigen globalen Unternehmen voll und ganz verstanden haben. Es zeigt aber auch die Wellen der wirtschaftlichen Instabilität, die durch Outsourcing erzeugt werden können.

Natürlich tragen Outsourcing oder Offshoring in einigen Regionen tatsächlich zur wirtschaftlichen Stabilität bei. Mexiko ist ein Hauptstandort für US-amerikanische Hersteller, die Betriebsanlagen unter ihren eigenen Namen und unter ihrem eigenen Management betreiben, aber mexikanische Anlagen und Arbeiter verwenden bzw. einsetzen. Flextronics beispielsweise betreibt einen fantastischen Industriepark in Guadalajara. Ein weiteres Beispiel ist die manchmal komplizierte, aber dennoch höchst erfolgreiche regionale Zusammenarbeit zwischen Japan, Korea und China. Im Allgemeinen gedeiht die Fertigung am besten in Ländern und Regionen mit einer qualifizierten Geschichte in der Fertigung, der richtigen Art von positivem Ehrgeiz und engen Verbindungen zu den Märkten. Aber wenn es sich beim Outsourcing nur um einen von der Wirtschaft angetriebenen, kurzfristigen »Rausschmiss« der Arbeit und Ressourcen vor Ort handelt, stellt sie die lokalen Wirtschaften auf beiden Seiten des Deals auf den Kopf.

Natürlich wird die globale Wirtschaft von multinationalen Unternehmen und Mikro-Ökonomien – wie denjenigen in China um Shanghai, Shenzen, Hongkong und Macau – angetrieben. Bei den besten dieser Arrangements sorgen nationale Richtlinien für politische und wirtschaftliche Stabilität und sinnvolle regulative Vorgaben. Dies trifft jedenfalls auf Indien zu, wo der Outsourcing und Offshoring Boom mit der Anhäufung von Software-Dienstleistungsunternehmen begann und schließlich F&E-Satellitenzentren der meisten größeren Softwarehersteller von Microsoft bis SAP umfasste. frog's Muttergesellschaft Aricent hat ihr Zentrum sogar in Delhi. Indiens Outsourcing- und Offshoring-Wirtschaft macht nur etwa 16 bis 18 Prozent von Indiens Gesamtproduktion aus, aber dieser Wert könnte steigen. Da aber die Gehälter und Arbeitskosten in China steigen, hat Indien bereits mit dem Schritt zur Hardware-Produktion begonnen. Flextronics hat bereits einen hochmodernen Industriepark in Chennai errichtet, der Planungen zufolge knapp drei Millionen Quadratmeter groß werden soll.

Nun ja, manchmal profitiert die ganze Welt von der wirtschaftlichen Wanderung des Outsourcings und Offshorings, besipielsweise durch die Entwicklung von Bildung, Infrastruktur und wirtschaftlichen Chancen in Ländern, in denen diese Dinge zuvor knapp oder gar nicht existent waren. Andererseits können diese Vorteile kurzlebig sein und von Problemen verdrängt werden, wenn die Unternehmen, ihre Outsourcing-Verträge beenden oder wenn die Arbeitskosten und Vorschriften den Punkt erreichen, an dem sie die wirtschaftliche Gleichung verändern. Und die Vorteile von Outsourcing und Offshoring kommen nie ohne Kosten – und manchmal sind diese Kosten beachtlich.

Alles aufsummiert

Zwar mögen Outsourcing und Offshoring von einigen Analysten und institutionellen Anlegern als solide Wirtschaftsstrategie betrachtet werden – laut Gartner Research nennen 80 Prozent der Unternehmen Kostensenkungen als Hauptgrund für Outsourcing – aber, wie wir gesehen haben, lassen sich die Zahlen möglicherweise nicht zu echten Einsparungen aufaddieren.

Wenn ein Unternehmen wirklich alle mit dem Wechsel auf zum Beispiel Offshoring verbundenen Ausgaben ausweisen würde – einschließlich Produktivitätsverlust und Einnahmenverlust während des Transfers, Wechselkursverluste, Fehlen von erfahrenen einheimischen Arbeitskräften und die höheren Löhne und Gehälter, die anfallen, um diese Arbeitskräfte z. B. aus den Vereinigten Staaten oder West-Europa zu holen – würden die Führungskräfte und die Öffentlichkeit die wahren Kosten der »billigen« Arbeit sehen. Darüber hinaus stellt sich die Frage nach der politischen und wirtschaftlichen Stabilität sowie nach der Zeit und den Ressourcen, die benötigt werden, um durch die ausländischen Verwaltungsvorschriften zu navigieren – die größere Hürden für Genehmigungen darstellen können. Kurz gesagt, können Offshoring-Projekte letzten

Endes viel schwieriger, viel komplexer und viel teurer sein als es viele Unternehmen voraussehen.

Behalten Sie jedoch in Erinnerung, dass ich glaube, dass die Probleme der Offshoring-»Strategie« (wenn wir sie so nennen wollen) nicht für alle Outsourcing-Vereinbarungen gelten. Manchmal sprechen klare Vorteile für das Outsourcen bestimmter Funktionen. Aber sowohl Outsource- als auch Offshore-Unternehmen müssen im ehrlichen Wettbewerb stehen und einen ehrlichen Gewinn aus dem Geschäft ziehen, das sie mit ihren Verbrauchern schließen. Unternehmen können Kosten zwischen Unternehmenseinheiten und Standorten nicht verlagern, um Verluste durch Zauberhand in fingierte Gewinne zu verwandeln. Stattdessen setzen die besten Unternehmen eine gute Performance mit guten Gewinnen gleich.

Allzu häufig aber werden die vorgeblichen Einsparungen durch Offshoring und Outsourcing nie Realität. Das heißt, dass der größte Teil des Aufwands, den amerikanische Unternehmen in die Verlagerung ihrer Herstellungsbetriebe ins Ausland investieren, nicht nur Verschwendung, sondern auch ein großer Klotz am Bein der amerikanischen Unternehmen, der amerikanischen Wirtschaft und dem Gefüge unserer nationalen Arbeiterschaft selbst ist. Wir sollten auch die lange und schädliche Demoralisierung des Arbeitsplatzverlustes an dieses verlustreiche Vorhaben nicht unterschätzen. Mehr als ein Unternehmen in Westeuropa und den USA haben ihre einheimischen Arbeitnehmer gezwungen, Fremdarbeitskräfte auszubilden, die dann ihre Arbeitsplätze übernehmen, bevor sie diese einheimischen Arbeitnehmer feuern und sie und ihre Gemeinden im Stich lassen. Meiner Meinung nach und aus all den genannten Gründen hätten die meisten wirtschaftlich motivierten Offshoring- und Outsourcing-Vorhaben gar nicht erst betrieben werden dürfen.

Aber was sind die Alternativen? Obwohl, wie bereits erwähnt, Offshoring und Outsourcing inzwischen das Fertigungsmodell beherrschen, entstehen allmählich einige neue, innovativere und nachhaltige Bewegungen. Einige von ihnen habe ich in Aktion gesehen, und andere habe ich in den Anfangsphasen ihrer Entwicklung begleitet. Jede von ihnen bietet einige umsetzbare Alternativen für einen ökonomisch und ökologisch vernünftigeren Fertigungsansatz.

Smart-Sourcing:
Das meiste aus Fremdressourcen herausholen

Als Steve Jobs 1996 zu Apple zurückkehrte, bat er mich um Rat, wie er die Anziehungskraft der Marke auf die Konsumenten stärken könnte, und ich antwortete:»Im Grunde geht es ausschließlich um Erfahrungen – aber es müssen ganzheitliche Erfahrungen sein.« Apple's iPod-iTunes-Strategie ist ein gutes Beispiel für diese These. Kurz gesagt ist die grundsätzliche Frage, die sich Designer und die Unternehmen, für die sie arbeiten, stellen müssen:»Wie kreieren wir Produkte, die eine einzigartige und ganzheitliche Erfahrung bieten?« Die anspruchsvollere Frage aber lautet:»Wie erreichen wir dieses Ziel, wenn unsere Fabriken in China, Indien oder Rumänien ansässig sind?« Und die Antwort auf *diese* Frage ist der Wechsel zu einem Modell des Smart-Sourcings gegenüber dem Outsourcing.

Smart-Sourcing erfordert mehr Geschick und Einfallsreichtum als nur den Versand von Arbeit an ausländische Ufer, um die Produktionskosten zu senken. Es erfordert ein neues Entwicklungsmodell, dass eine unternehmensübergreifende Zusammenarbeit schon zu Beginn des Prozesses umfasst. Es beinhaltet außerdem ein neues Wirtschaftsmodell, weil das Wirtschaftsmodell des Outsourcings beiden Seiten der Partnerschaft eventuell Schaden zufügt. Westliche Markeneigentümer erhalten mittelmäßige Produkte, die sie mit Rabatt verkaufen müssen, um sie für die Verbraucher attraktiv zu machen. ODMs müssen mit jämmerlichen Gewinnspannen leben. Beim Smart-Sourcing führen Vorabinvestitionen in unternehmensübergreifende Zusammenarbeit zu stärkeren, innovativeren Produkten mit einer langfristigeren Rentabilität.

Um die Vorteile des Smart-Sourcing zu verstehen, könnten die Big Player, die den Notebook-Computermarkt beherrschen – wie HP, Dell, Acer, Fujitsu, Sony und Apple – sich das winzige Schweizer Startup Dreamcom und seinen 25-jährigen Gründer und CEO Janis Widmer zum Vorbild nehmen. Meine Frau (und Geschäftspartnerin) Patricia und ich waren von der Arbeits- und der Ausgabenethik des Unternehmens so beeindruckt, dass wir auch in die Firma investierten. Dann setzten wir uns 2007 hin und halfen Dreamcom, etwas zu kreieren, das die Notebook-Herstellung verändern sollte. Diese Erfahrung liefert einen guten Überblick über das Smart-Sourcing-Modell.

Nach sorgfältigem Abwägen beschlossen wir, dass die effektivste und positivste Innovation für Laptop-Design im Bereich der Ergonomie lag. Wir entwarfen ein Laptop-Design mit einem Display, das auf eine ergonomisch korrektere Position eingestellt werden kann, und einem Andockmodul, das die Ergonomie des Laptops ebenfalls verbessert, und brachten gleichzeitig alle notwendigen technologischen Erweiterungen in einer einfachen Form ohne jedes Gewirr unter. Wir arbeiteten außerdem daraufhin, den Preis für den Computer so niedrig wie möglich zu halten. Mit anderen Worten zielten unsere Anstrengungen darauf ab, eine ganzheitliche Anwendererfahrung zu entwickeln.

Von Anfang an war klar, dass Dreamcom seine Notebooks von einem ODM in Taiwan oder China kaufen musste. Gleichzeitig wussten wir auch, dass wir es uns nicht leisten konnten, ein vollkommen neues Produkt mit den gewünschten Innovationen zu entwickeln, und dann einfach irgendeinen ODM dafür bezahlen konnten, es zu bauen. Wir verstanden, dass die ODMs zu erstklassigen elektronischen Innovationen in der Lage sind – was größtenteils bedeutet, die fortschrittlichste Elektronik in den kleinstmöglichen Raum zu pressen. Wir mussten uns nur die Produkte, die Foxconn und Inventec für Apple herstellen, anschauen, um zu sehen, welche extremen Ausmaße diese Komprimierung annehmen kann. Es erschien uns nur logisch, dass Ingenieure, die die Mikromechaniken von magnetischen Festplattenlaufwerken erschaffen konnten, auch in der Lage sein mussten, einen ausziehbaren Display-Mechanismus für den Arbeitsalltag zu konstruieren.

Deshalb beschlossen wir freimütig, uns an die ODMs zu wenden. Wir baten eine Reihe von ODM-Führungskräften, sich mit uns zu treffen, um über unsere Ideen zu sprechen, unsere Skizzen durchzuschauen, die ergonomischen Erfordernisse des Designs zu erkunden und unser Geschäftsmodell vorzustellen. Einige waren nicht interessiert, aber drei waren durchaus bereit, sich an einer derart frühzeitigen Diskussion zu beteiligen. Die Kosten waren nicht das dominierende Thema, weil wir inzwischen sicher waren, dass die Kosten für unsere Laptops selbst mit der zusätzlichen Funktionalität durchaus wettbewerbsfähig sein würden. Schließlich entschied sich Dreamcom für Wistron, weil dessen Führungskräfte das Potenzial unseres Projektes verstanden und mochten und weil das Unternehmen ein großartiges Team von Elektro- und Mikromechanik-Ingenieuren besaß. Durch diese frühe Kooperation hatten wir eine ganze Phase des herkömmlichen Outsourcing-Prozesses übersprungen.

Damit begann unsere formellere Zusammenarbeit. Wir entwarfen das Produkt gemeinsam mit den Ingenieuren des ODM, indem wir beinahe täglich Dateien über sichere Server austauschten. Dieser Prozess ermöglichte Jannis Widmer – einem technischen Genie im Computerbereich –, sein radikal neues Produkt mit einem Team zu entwickeln, das auf der anderen Hälfte der Erdkugel saß, und dennoch dieselbe Unmittelbarkeit und Synergie von Kollegen, die sich ein Büro teilen, zu genießen. Dies ist eine der wichtigeren Voraussetzungen für erfolgreiches Smart-Sourcing: Alle Projektbeteiligten müssen jederzeit in vollem Umfang teilnehmen und kooperieren.

Nun folgte der erfreulichste Teil für mich – die Zusammenarbeit mit dem Wistron-Team. Sie gingen wirklich bis an die Grenze und ich tat es ihnen gleich. Wir betrachteten verschiedene mechanische Lösungen und verschiedene Alternativen zur Verpackung der Elektronik. Wir räumten mit dem altmodischen »Schubladen«-CD/DVD-Laufwerk auf und implementierten ein elegantes Einschubschlitzladelaufwerk und wir optimierten die Feature-Sätze zwischen dem Notebook und dem Docking-Modul. Wir vereinfachten außerdem die Anwendererfahrung, indem wir über der Tastatur eine äußerst intuitive analoge Benutzeroberfläche anboten.

Wistron hatte die Kontrolle über alle technischen Aspekte des Projektes, und sie trafen von Anfang an sehr gute Entscheidungen. Während wir an der Konzeptentwicklung arbeiteten, scheute Wistron's Team wirklich keine Mühen, die besten Lieferanten von Teilen, Oberflächen und speziellen Bauelementen in Taiwan und China zu finden. Natürlich kostete dieses Planungsniveau Zeit und viel zusätzliches Lernen durch Trial and Error. Obwohl wir unseren ursprünglichen Zeitplan alle paar Monate durchgingen, lieferte Wistron in der Prototyp-Phase so gute Ergebnisse, dass wir uns die Frustration und die Kosten ersparten, wieder von vorne anfangen zu müssen und die Probleme zu beheben, die normalerweise in den ersten Produktionsrunden auftauchen. (Erinnern Sie sich an ITT's Erfahrung mit den tragbaren Radios?) Während der ganzen Zeit hielt Jannis Widmer's Feedback die Spannung und die Motivation, Erfolg zu haben, aller am Projekt Beteiligten aufrecht. Insgesamt war diese Erfahrung ganz anders als der typische »Brandrodungsansatz« des Outsourcings. Durch die Entwicklung der ersten Notebooks, deren Ergonomie die rechtlichen Anforderungen einer regulierten europäischen Arbeitsumgebung erfüllten, stellten wir Qualität und Funktion über die Kürzungen im Entwicklungszeitplan und jede Pfennigfuchserei.

Wir führten unser neues Design im März 2008 auf der CeBIT ein. Dreamcom verließ die CeBIT mit großem Zuspruch für den weltweit ersten ergonomischen Notebook-Computer, aber die Öffentlichkeit wusste nur wenig über die unserem Erfolg zugrunde liegenden Entwicklungs- und Geschäftsvorgänge. Als der Manager einer Konkurrenzfirma mich fragte: »Wie haben Sie die Taiwanesen dazu gebracht, so ein cooles Produkt herzustellen?« lautete meine Antwort: »Niemand außer den Taiwanesen hätte es tun *können.*« Das ist die wichtige Botschaft des Smart-Sourcing. Die Zusammenarbeit mit betriebsfremden Partnern bietet spürbareren – und langfristigeren – Gewinn, wenn wir lernen, über die oberflächlichen Vorteile der reduzierten Herstellungskosten hinaus zu schauen. Wenn man frühzeitig mit dem kooperativen Prozess beginnt und ihn klug managt, können ODMs einzigartige Vorteile in die Produktionspartnerschaft einbringen. Wir müssen nur klug genug sein, sie uns zunutze zu machen.

Für kleine oder mittelgroße Unternehmen ist die Weitergabe ihres Know-Hows an ODMs im Ausland keine akzeptable Strategie, sofern sie nicht darauf hoffen können, daraus wirtschaftliche Vorteile im großen Stil zu ziehen. Outsourcing wird einem kleineren Unternehmen niemals helfen, den Preis der größeren Konkurrenten zu »schlagen«, und kleinere Unternehmen können sich die schlechte Publicity und die negativen Reaktionen der Öffentlichkeit nicht leisten, die Outsourcing häufig mit sich bringt. Die Börse beginnt allmählich die Vorteile einer soliden langfristigen Strategie zu erkennen, während sie eine potenzielle Profitabilität der »grünen« Unternehmensinnovationen riecht. In dieser Umgebung müssen sich kleine und mittelgroße Unternehmen auf wahre Innovationen für ihren

Wettbewerbsvorteil verlassen – die Art von Innovation, die wir bei Dreamcom eingeführt haben – die den Einsatz von klügeren und nicht nur billigeren Arbeitskräften einschließt.

Home-Sourcing: lokaler Schlüssel zum globalen Lohn

Eine Marke wird durch ein Produkt – dinglich bzw. virtuell – und die Erfahrung, die Kunden mit diesem Produkt machen, definiert. Wenn die Erfahrung nicht positiv ist, gibt es keinen Markenwert. Aber man kann auch nicht sagen: »Nun gut, lassen Sie uns eine hinreißend aussehende Marke entwerfen und lassen Sie sie dann unsere Identität rüberbringen.« So funktionieren Marken nicht. Wenn Sie einen Beweis dafür brauchen, so denken Sie an Unternehmen, die verhältnismäßig »un-hinreißende« Produkte haben – zum Beispiel Volvo, Dell und Crocs – aber nichtsdestotrotz gute, starke Marken sind, weil die Unternehmen dahinter an ihren strategischen Zielen festhalten und ihre Kernstärken vermitteln. Und es gibt keinen besseren Weg für ein kleines oder mittelgroßes Unternehmen, um seine Marke aufzubauen (und darauf weiter aufzubauen) als durch die Pflege einer einzigartigen talentierten und loyalen Belegschaft – Menschen, die die strategischen Ziele der Marke verstehen, sind stolz auf die Kernkompetenzen ihres Unternehmens und leben für die Herstellung von Produkten mit einer klar definierten und überdurchschnittlichen Verbrauchererfahrung.

Wenn sich ein Unternehmen einen lokalen Identitätsvorteil verschaffen will, muss es im Hinblick auf die Art und Weise, wie es Spitzenprodukte erstellt, geschickter vorgehen und sie in jeder Phase der PLM-Kette sorgfältig managen. Um auf einem Wettbewerbsmarkt mit vielen Großunternehmen Erfolg zu haben, müssen kleine und mittlere Unternehmen eine anpassungsfähige Unternehmens- und Sourcing-Strategie haben, die ich als *Home-Sourcing* bezeichne. Bei der Home-Sourcing-Strategie werden die Vorteile von lokalem Talent und seinen einzigartigen Fähigkeiten mit denen der weltweit erhältlichen Produktelemente kombiniert, was zu wirklich innovativen, einzigartigen *und* wirtschaftlich wettbewerbsfähigen Produkten führt.

Was sind also die Ziele für Home-Sourcing? Wirtschaftlich betrachtet muss ein Unternehmen einen gesunden Mittelweg zwischen den Produktions-Komponenten, die es sich aus dem Ausland beschaffen muss, und denen, die es »Zuhause« kultivieren kann und muss, finden. Um zu entscheiden, welche Komponenten in welche Kategorie fallen, müssen sich die Geschäftsführer immer von den besonderen Werten ihrer Organisationen leiten lassen. Anstatt auf irgendein generisches Produkt abzuzielen, das letzten Endes nur wenig bietet, um irgendjemanden anzuziehen, sollten Unternehmen ihre Bemühungen darauf richten, den Kunden, die sie am besten kennen, das bestmögliche Produkt anzubieten. Und niemand kennt die ortsansässigen Nutzer besser als ein ortsansässiges Unternehmen.

Home-Sourcing nützt Unternehmen *und* Verbrauchern und kann einer ortsansässigen Belegschaft Arbeitsplatzsicherheit bieten. Wenn die ortsansässigen Führungskräfte, Designer/Entwickler und Arbeitskräfte etwas Originelleres und Gewinnbringenderes als den generischen massengefertigten »Techno-Müll« herstellen, der die Märkte verstopft, so werden ihre Arbeitsplätze – in Deutschland, in den USA oder wo auch immer – sicher sein. Tatsächlich besteht sogar eine hohe Nachfrage nach ihrer Arbeit, weil Verbraucher gut gemachte, gut gestaltete Produkte lieben. Und der Erfolg home-gesourcter Produkte und Prozesse kann sich weit über die lokalen Märkte hinaus erstrecken. Mein Kunde KaVo wurde Weltmarktführer für Dentalsysteme, nachdem das Unternehmen sein innovatives und einzigartiges neues Systemdesign eingeführt hatte.

Der deutsche Haushaltsgerätehersteller Miele liefert ein weiteres großartiges Beispiel für die Bedeutung lokaler Befindlichkeiten und Talente beim Kreieren von Produkten, die auf dem globalen Markt Erfolg haben. Die Deutschen sind bekannt für ihre Liebe zur Reinlichkeit und ihre Empfänglichkeit für ökologische Fragen. Sie wollen daher eine Waschmaschine, die ihre Wäsche tadellos sauber wäscht, aber so wenig Wasser, Waschmittel und Energie wie möglich verbraucht. Und weil man im Vergleich zu Amerika kleine Häuser und Wohnungen hat, muss die Maschine auch noch sehr leise sein. Miele's deutschen Designern und Ingenieuren gelang es, ein Produkt zu schaffen, dass all diese »heimischen« Anforderungen erfüllt – und im Verlauf dieses Prozesses haben sie ein Produkt entworfen, dass auf der ganzen Welt beliebt ist. Wir haben auch eine Miele-Waschmaschine und einen Miele-Trockner hier in Kalifornien, wo das Wasser knapp, Strom teuer und die San Francisco Bucht von Verschmutzung bedroht ist. Im Falle von Miele wie auch bei vielen anderen Unternehmen, die vom Home-Sourcing profitiert haben, kümmert man sich um die Feinjustierung des Produktdesigns und der Fertigung am besten vor Ort. Bauteile wie Elektronik, Motoren und Pumpen können aus allen möglichen Quellen stammen – solange sie die Qualitätskriterien erfüllen.

Echtes Home-Sourcing beginnt mit der Bewertung der »heimischen« Fähigkeiten eines Unternehmens und der verfügbaren Verkäufer von Komponenten im In- und Ausland. Die Geschäftsführung muss sich außerdem die klügsten Optionen für das Management eines höchst ausgefeilten Design- und Fertigungsprozesses anschauen. Weil das Home-Sourcing den Unternehmen eine viel größere Freiheit im Hinblick auf Produktstrategie und marktnahe Anwenderanpassung bietet, ist es außerdem eine gute Idee, professionelle Blogs und soziale Netzwerke wachsam auf exotische Trends und detaillierte Kundenwünsche auf den jeweiligen Marktplätzen zu untersuchen. Und für jedes Detail müssen die Unternehmen einwandfreie Standards im Hinblick auf Qualität, Innovation und persönliche Originalität aufrecht erhalten.

Home-Sourcing ist Teil einer weitreichenden Erfolgsstrategie, und es mag so scheinen, als bewege man sich auf die strategische Zielerreichung im Schneckentempo zu. Glücklicherweise habe ich ein »Labor« zum Projizieren und Testen künftiger Ergebnisse, und dieses Labor ist mein Kurs an der Universität für Angewandte Kunst in Wien. Jedes Semester haben die Projekte unserer Studenten ein zentrales Thema, und im Jahr 2008 war das Thema »Home-Sourcing«. Im Rahmen unseres Themas führten wir kooperative Workshops mit lokalen und globalen Unternehmen durch. Eins dieser Unternehmen, Wiens legendärer Klavierbauer Boesendorfer, bot uns besonders interessante Möglichkeiten für home-sourced Innovation.

Unser Ziel war es, ein Design zu entwerfen, das aus Boesendorfers geschichtlichen und ursprünglichen Wurzeln schöpfte, und das Unternehmen zugleich als vorausdenkende, innovative Marke zu etablieren. Wir begannen mit der Feststellung, welche Komponenten des Klaviers »generisch« waren und welche für seine individuelle musikalische DNA lebenswichtig waren. (Während dieses Prozesses lernten wir, dass Boesendorfer alles, einschließlich der Saiten, selbst herstellt.) Wir schauten uns auch andere Beispiele für Verbesserungen klassischer Instrumente an, wie zum Beispiel die elektrischen Gibson- und Fender-Stratocaster-Gitarren. Wir studierten die Konvergenz von klassischer Musik mit digitalen Medien und Lernmethoden und erforschten zum Schluss neue Wege der Vermarktung im Bereich der Kunst.

An einer Stelle im Verlauf dieses Prozesses merkte Ferdinand Braeu, Boesendorfers Direktor für Produktentwicklung, an, dass einige Popmusiker wie zum Beispiel Robbie Williams im Stehen Klavier spielen. Beflügelt durch diese Idee, erschuf eine unserer Gruppen etwas, das wir »Transformer Piano« tauften. Das Klavier war höhenverstellbar und konnte zur leichteren Aufbewahrung in Form eines Buffets zusammengefaltet werden – ein Design, das sich sowohl gut für Konzertbühnen als auch kleinere Wohnungen eignen würde. Unser Design gab Boesendorfers »Made in Vienna«-Anspruch echten Sinn und Klang, da es die Tradition von Innovation, Kunst und Design fortführte, für die die Stadt so bekannt ist. Unser Design zeigte Boesendorfer auch, wie das Unternehmen Produkte herstellen könnte, die Wiener Käufer stark ansprechen und gleichzeitig weltweit marktgängig wären. Diese Art von Erfolg ist ein realisierbares Ziel für jedes Home-Sourcing-Vorhaben. Durch Kombination der Stärken der lokalen Arbeitskräfte, Traditionen und sonstiger einheimischer Ressourcen mit den sorgfältig ausgesuchten »Fremd«-Ressourcen ermöglicht das Home-Sourcing Unternehmen qualitativ hochwertige, innovative Produkte zu fertigen, die ihnen einen größeren Marktanteil im Inland – sowie im Ausland – verschaffen werden.

Personal-Fab[1]: Unsere eigenen Marken aufbauen

Wir müssen der industriellen Revolution für all diese stark diskontierten, massengefertigten Importgüter dankbar sein, die die Regale unserer Megamärkte füllen. Aber jetzt, mit den gestiegenen

---

1) Anm. der Übers.: Die persönliche Fabrik.

Kosten, den Umweltschäden und den Gesundheitsrisiken, die mit den zahlreichen minderwertigen Importgütern verbunden sind, schwingt das Fertigungspendel zugunsten der lokalen Produktion zurück. Und manchmal kann diese Produktion persönlich und nicht nur ortsansässig sein. In der Tat könnte die persönliche Fabrikation die Welle der Zukunft sein.

Ein Pionier dieser neuen Bewegung ist MIT-Professor Neil Gershenfeld, der das Konzept des Desktop Manufacturing entwickelt hat, das er als »Fab Lab« (Anm. d. Übers.: Abk. für **Fab**rikations**lab**or) bezeichnet. Ein Fab Lab ist im Grunde eine kostengünstige Desktop Manufacturing »Werkstatt«, die mit analogen und digitalen 3D-Tools und Maschinen ausgestattet ist, die durch Computer und digitale Software erweitert wird – und weltweit vernetzt werden kann. Mittels Fab Lab können Menschen Produkte zur Fertigung in ihrer eigenen Wohnung entwerfen und mittels Field Lab können sie sich sogar an deren Erstellung beteiligen – und dabei kann es sich auch um qualitativ hochwertige Produkte handeln.

Neil Gershenfeld hat seine Fab Labs in Gemeinschaften auf der ganzen Welt eingerichtet und die Ergebnisse sind beeindruckend. Fab Lab Produkte reichen von High-Tech Bauteilen für Computer bis hin zu Spielzeug, Musikinstrumenten und persönlichen Gegenständen wie Sehhilfen. Gershenfeld liefert glaubwürdige Argumente dafür, dass die direkte Verbindung zwischen Mensch und industriellem Prozess die Menschen neue Fertigkeiten lehrt, zur Schaffung neuer Arbeitsplätze beiträgt und letztlich zu einer kreativeren und erfindungsreicheren Gemeinschaft führt. Diese Bewegung hat das Wachstum einer Reihe von hybriden Unternehmensmodellen angekurbelt. Einige Online-Unternehmen beispielsweise liefern ihren Kunden die wesentliche Software zum Design eines Gegenstandes, bauen den Gegenstand dann nach den Design-Spezifikationen des Kunden und senden ihn dem Kunden zu.

Dieses Modell steckt natürlich noch in den Kinderschuhen, und viele Menschen erkennen, dass das Entwerfen und Fertigen eines funktionsfähigen Produktes für den Alltagsgebrauch mehr erfordert als nur ein paar Kritzeleien, mit Hilfe einer CAD Software. Letzten Endes wird der Trend zur persönlichen Fabrikation den Menschen helfen, neue Kompetenzen zu entwickeln. Diese Bewegung könnte zu einer wachsenden Anzahl von Studenten mit einem Design-Grundwortschatz führen, die in der Lage sind, Designs optisch zu bewerten und ihre eigenen zu entwerfen – einige könnten sogar echte Designer werden. Und das ist eine gute Nachricht. Kreative Studenten folgen häufig nicht der durchschnittlichen »Kurve« und ihre Talente bedürfen besonderer Aufmerksamkeit und Betreuung. Erfahrungen in persönlicher Fabrikation könnten das Angebot an kreativen Übungen unterstützen, die viele Schulen heute nicht leisten – oder nicht leisten können.

Unsere Welt braucht all die enthusiastisch kreativen und talentierten jungen Leute, die wir auftreiben können – heute vielleicht mehr denn je. Während wir uns von der Dienstleistungswirtschaft hin zu einer Kreativwirtschaft entwickeln, ist eine talentierte Bevölkerung mit einer soliden Ausbildung sowohl in den praktischen als auch in den kreativen Berufen für den zukünftigen Erfolg einer jeden Region in einem jeden Land auf diesem Planeten lebenswichtig. Örtlich beschränkte, persönliche Produktion wird ein größeres Interesse an Design und anderen kreativen Berufen fördern, und gleichzeitig dazu beitragen, diese Berufe an ihren rechtmäßigen Platz in einer vielseitigen und sich entwickelnden Wirtschaft zu führen – sowohl auf lokalen als auch auf globalen Märkten.

Der Aufstieg nachhaltiger Fertigung

Unser globales System ist komplex und ausgesprochen unberechenbar, aber wir wären schlecht beraten, wenn wir soziale Entwicklungen und sich abzeichnende geopolitische Tendenzen ignorieren würden. Eine der stärksten dieser Tendenzen ist eine wachsende Gegenreaktion auf die Effektivität des Geschäftsmodells der »ökonomischen Effizienz«. Viel zu lange wurde die Weltwirtschaft größtenteils von den wahrgenommenen wirtschaftlichen Vorteilen der »Globalisierung« gesteuert. Aber die Realitäten der Globalisierung unterscheiden sich erheblich von diesen Wahrnehmungen.

Heute, da die Kapitalanalagen in Fabriken in die Milliarden gehen, sprechen die meisten Unternehmensanalysten, wenn sie über »attraktive wirtschaftliche Bedingungen sprechen«, in Wirklichkeit über niedrige Arbeitskosten. Wie steht es also mit den »Win/Win«-

Vorteilen dieser Vereinbarung? Während Entwicklungsländer manchmal *durchaus* von der steigenden Beschäftigung und einem Zufluss ausländischer Investitionen profitieren, ergeht es westlichen Arbeitern – und westlichen Volkswirtschaften – nicht so gut. Wenn alle Arbeitsplätze von hochqualifizierten und hochkompetenten Arbeitnehmern ins Ausland verlagert worden sind, bleiben in der Heimat überwiegend Arbeitsplätze mit schlechter Bezahlung und für gering Qualifizierte zurück. Diese Entwicklung löst nicht nur das Rückgrat einer jeden Volkswirtschaft auf – die Kaufkraft einer hochqualifizierten und motivierten Belegschaft –, sondern lässt auch die Luft aus der Zukunft der Nation, indem sie ihren jungen Leuten alle Hoffnungen und Ziele nimmt.

Während die Wirtschaftssysteme der Entwicklungsländer egal in welchem Sektor zittern und langsam unter der Belastung der unterregulierten globalen Märkte, schlecht gemanagten Industrialisierung (z. B. Korruption) und der sich schnell ausweitenden ökologischen Verschlechterung zusammenbrechen, stellen sich viele von uns die Frage: »Was sollen wir tun?« Und eine wichtige Antwort auf diese Frage liegt in der Verschiebung zu einem nachhaltigeren wirtschaftlichen und industriellen Produktionsmodell. Weltweit wird man sich zunehmend bewusst, dass das ungehinderte Ausbeuten menschlicher Ressourcen und wertvoller kultureller Vermögenswerte nicht nachhaltig sein kann. Und trotz all dieser gegenwärtigen »Schwafler«, die uns erzählen, dass Populismus wenig mehr als eine politische Modeerscheinung ist, spüren die meisten von uns eine größere Veränderung im Bewusstsein der Menschen. An dieser Situation muss sich einiges ändern – Menschen möchten nicht bis zur Erschöpfung arbeiten, nur um sich über Wasser halten zu können. Sie möchten ein menschlicheres Leben führen.

Die Nachfrage nach erhöhtem Umweltschutz drängt die Welt, ein nachhaltigeres Fertigungsmodell einzuführen. Betrachten Sie nur einmal, den verschwenderischen Materialfluss durch Outsourcing und Offshoring: Fertige Produkte, die in China und Indien produziert wurden, werden in die Vereinigten Staaten oder nach Europa verschifft, von wo sie wiederum durch die jeweiligen Länder transportiert werden, bis sie auf die lokalen Märkte gelangen, wo sie gekauft, verwendet und dann – entweder zum Recycling oder einfach als Müll – wieder zurück nach China oder vielleicht sogar weiter nach Afrika verschifft werden. Wie logisch – ganz zu schweigen von umweltfreundlich – ist dieses Verfahren? Die Europäische Union fordert jetzt, dass die OEMs oder »Marken« ihre elektronischen Produkte (sogar Autos) zurücknehmen, wodurch eine umgekehrte Logistik Teil des Produktlebenszyklus-Managements geworden ist. Dem PLM diesen Schritt hinzuzufügen, kostet vorab Geld, bietet aber auch neue Innovationsmöglichkeiten.

Ich sehe das »Modell der ökonomischen Effizienz« noch einige Zeit lang am Leben, während Unternehmen weiterhin die Fertigung in Länder und Regionen mit den niedrigsten Löhnen und reizvollsten wirtschaftlichen Bedingungen verlagern. Aber ich denke, es wird nicht mehr lange dauern, bis steigende Marktglobalisierung, Energiekosten und Umweltvorschriften dazu führen, dass es keine »billigen« Länder oder Regionen mehr gibt. Während das aktuelle Modell noch gilt, können Qualität und Performance möglicherweise sporadisch Verbesserungen verzeichnen, aber die gesamte Produktkultur und Innovation wird weiterhin leiden. Das Risiko, einem wirtschaftlichen Abschwung oder Verschiebungen der Machtverhältnisse in der globalen Geopolitik ausgesetzt zu sein, ist heutzutage für jede Branche sehr hoch und bedroht insbesondere Unternehmen, die sich ausschließlich auf Outsourcing verlassen. Dieses Modell verlangt nach Größe, und die erforderliche Produktmenge, die zu seiner Unterstützung notwendig ist, muss gesteigert werden, da ohnehin hauchdünne Gewinn-Spannen noch kleiner werden.

Das nachhaltige Fertigungsmodell ist eine natürliche Erweiterung des »Nur das Beste«-Grundsatzes, der der Motor aller erfolgreichen Geschäftsmodelle ist. Nachhaltige Fertigung führt zu einem ganzheitlicheren Produktlebenszyklusmanagement. Es verbindet die Fabriken wieder mit den Konsumenten und profitiert von dem gegenwärtig ruhenden Potenzial unserer Fabriken für die Entwicklung von Innovation und globaler Produktkultur. Das nachhaltige Fertigungsmodell wird von Prozessen geleitet, die über Kontinente hinweg verknüpft sind – wie zum Beispiel Smart-Sourcing und Home-Sourcing-Lösungen. Und weil dieses Modell direkter mit den Konsumenten verbunden ist, ist es weniger anfällig für Störungen durch wirtschaftliche oder politische Krisen.

Gerade jetzt bieten wirtschaftliche, politische und umweltpolitische Bedingungen ein einzigartiges Moment für den Schritt zu nachhaltiger Fertigung. Natürlich müssen Vermarkter, Konstrukteure und Unternehmensleiter die Herausforderung bewältigen, diese historische Chance zu erkennen und danach zu handeln. Das nachhaltige Fertigungsmodell stellt eine wahrhaft langfristige Wirtschaftsstrategie dar. Und sie funktioniert. Öffentlichen Berichten an die Aktionäre für das vierte Quartal des Jahres 2008 zufolge konnte Apple – ein Unternehmen, das diesem Modell weitgehend folgt – einen mehr als doppelt so hohen Gewinn verzeichnen wie Dell, wobei es nur etwas mehr als 60 Prozent von Dell's Einnahmen einsetzte. Apple's iPhone erzielte im Sommer 2009 mit einem globalen Marktanteil von 8 Prozent über 30 Prozent der globalen! Gewinne. Und die Gewinne des Modells werden auf beiden Seiten der Smart Sourcing-Beziehung steigen. Innovations-orientierte ODMs wie Wistron oder Inventec werden hierbei die großen Gewinner sein.

Natürlich können wir einen großen technologischen Fortschritt in dem Schritt zu einer intelligenteren Produktion, sei es in Form von überarbeiteter und voll programmierbarer Mechatronik/Automatisierungstechnik und Robotik oder neuen smarten und sogar »lebendigen« Nanomaterialien, vorhersehen. In jedem Fall wird die Fabrik zu einer der wichtigsten Arenen für die sich entfaltende Geschichte der künstlichen Intelligenz. Aber ganz gleich wie sehr sich die Fertigung verändert oder wie weit die aufkommenden Trends sie zur Globalisierung oder Lokalisierung drängen, wir Führungskräfte, Designer und Hersteller müssen kontinuierlich daran arbeiten, die Antwort auf ein- und dieselbe Frage zu finden, die sich hartnäckig immer wieder stellt: Wie können wir die Fertigungsressourcen, die uns zur Verfügung stehen, am besten nutzen und wie können wir diese Ressourcen besser einsetzen? Nur indem wir für die Möglichkeiten – und Verantwortung –, die mit dieser Herausforderung einhergehen, offen bleiben, können wir hoffen, den nachhaltigen Erfolg zu finden, der notwendig ist, um unsere Hoffnungen, Träume und beruflichen Ziele in Zukunft zu verwirklichen.

Epilog: Schon hier – und morgen

Ein berühmter Zen Koan fragt: »Was ist das Wesentliche an der Vergangenheit, der Gegenwart und der Zukunft?« – und die Antwort lautet: »Schon hier und morgen.« Mich lehrt dieser Koan, dass die Vergangenheit und die Gegenwart unser Leben sind, aber dass das Morgen unsere Chance ist. Als realistischer Optimist glaube ich an eine bessere Zukunft. Und obwohl dieses Buch mit Erfahrungen aus der Vergangenheit gefüllt ist, hoffe ich, dass es Sie als Leser inspiriert, in die Zukunft zu schauen.

In meiner Funktion als Mentor werde ich häufig gefragt, wie die Situation damals, als ich meine erste eigene Firma gründete, für junge Designer war. Meine ehrliche Antwort lautet: »Nicht so gut wie heute!« Wir mussten fanatisch für unser bloßes Überleben arbeiten, und um unsere Energie zu kanalisieren, um ein erfolgreiches Team zu bilden, brauchte es viele Versuche und ebenso viele Fehler. Aber was mir aus jener Zeit am besten in Erinnerung geblieben ist, ist der Mangel an Einfluss, den wir Designer auf Führungskräfte und Unternehmer hatten. Ich war nicht bereit, die Rolle des an den Rand gedrängten »kulturellen Mentors« zu spielen, und deshalb verbrachte ich meine berufliche Laufbahn damit, am Aufbau professioneller Partnerschaften zu arbeiten und die strategische Rolle des Designs in Unternehmen zu etablieren. Heute ist es mein Ziel, Design zum Vorreiter des humanistischen Fortschritts zu machen und jedermann, gleichgültig auf welchen

Schwungrat. Hartmut Esslinger
Copyright © 2009 WILEY-VCH Verlag GmbH & Co. KGaA, Weinheim
ISBN: 978-3-527-50492-3

beruflichen oder persönlichen Pfaden er oder sie wandelt, zu ermutigen, meine Leidenschaft zur Verbesserung der Welt zu teilen. Ich hoffe, dass dieses Buch – sei es, indem es für Zustimmung sorgt oder produktive Diskussionen auslöst – Sie motivieren und inspirieren wird, sich an den zahlreichen positiven Veränderungen in der Welt der Unternehmen, des Designs, der Fertigung und der Kultur zu beteiligen.

Im größeren Kontext der Kreativität ist Design die lebende Verbindung zwischen unseren menschlichen Zielen und Bedürfnissen und der materiellen Kultur, die bei deren Erfüllung hilft. Designer und ihre Unternehmenspartner haben die beinahe beispiellose Chance, eine Umwelt aufzubauen, die nicht nur lebenswert und nachhaltig ist, sondern auch Freude macht und kulturell beflügelt. Unsere materielle Kultur ist von Menschen gemacht – jeder ihrer Bestandteile wurde angefertigt, verkauft, benutzt, weggeworfen und (idealerweise) recycelt und wieder verwendet. Und in jeder Phase dieses Prozesses werden irgendwie menschliche Ideen in Designs geformt, und Designs werden zu physikalischen und virtuellen Dingen weiterverarbeitet. Zum Aufbau einer materiellen Kultur, die uns erbaut und erhält, müssen wir immer wachsam für die Chancen – und manchmal die gefährlichen Versuchungen – unserer Geschäftsmodelle, unserer Strategien, unserer Werkzeuge, unserer Prozesse und unserer Fabriken bleiben.

Traditionell hat die Ökologie keinen hohen Stellenwert bei vielen Menschen eingenommen, die sich an finanziellen Werten orientieren – aber diese Wahrnehmung ist im Wandel. Bio-Benzin befreit uns allmählich vom Big Oil, und Sonnen- und Windenergietechnologien greifen auf den traditionellen mit Kohle befeuerten Energiesektor über. Das Internet lockert den Griff der alten Telekommunikationsunternehmen auf die Kunden. Und wie wir gelernt haben, wählen mehr Unternehmen nachhaltige Strategieziele und bauen ihre Unternehmensmodelle auf langfristige und nachhaltige Innovation auf. Die alten Monopole fallen und kreative Bestrebungen sind auf dem Vormarsch.

Es ist aber immer noch viel zu tun. Wir müssen uns ein intelligenteres und ökologischeres Modell für industrielle Fertigung, Produkt Support und Recycling ausdenken und es entwerfen. Und unsere Lösungen dürfen nicht bei guten Produktdesigns aufhören.

Das Outsourcen unserer Designs zur Produktion an einem anderen Ort enthebt uns nicht unserer Verantwortung für die Verschmutzung und andere negative Auswirkungen dieser Produktion, genauso wie wir unser eigenes Müllproblem nicht lösen können, indem wir den Müll in unseres Nachbarn Garten werfen. Das Aus-dem-Auge-aus-dem-Sinn-Paradigma muss sich ändern, wenn wir verantwortungsbewusste industrielle Bürger sein wollen.

Ich glaube, dass wir eine philosophische Pflicht haben, uns für eine bessere Welt einzusetzen. Wir müssen ein mensch-bezogenes Bewusstsein in Wissenschaft und Unternehmen schaffen, indem wir unsere Ziele überdenken. Indem wir uns positive – und manchmal ziemlich anspruchsvolle – Grundsätze zu Eigen machen, die auf soziale Verantwortung und Umweltbewusstsein abzielen, können die Vorteile unserer unternehmerischen Anstrengungen über die Bilanzsumme hinausreichen und das Leben unserer Familien, Freunde, Nachbarn und Menschen auf der ganzen Welt verbessern. Unternehmen, die auf diese Ziele hinarbeiten, werden dazu beitragen, die Zerstörung des Planeten umzukehren – und letzten Endes wird das Geld dieser Entwicklung folgen.

Als Designer bin ich besonders glücklich, wenn ich sehe, dass dieses neue Unternehmensparadigma lebendigere, schönere und emotional befriedigendere Produkte zu Tage fördert. Eine ansprechendere Produktkultur wird Teil einer siegreichen grünen Strategie sein, und das gilt für *alle* Länder und Kulturen der Welt. Zur menschlicheren Gestaltung unserer Industrien in Europa und den Vereinigten Staaten gehört das Entwickeln und Umsetzen eines ökologischen Ideals. Es wird es ermöglichen, die ärmeren Länder zu industrialisieren, ohne ihre Identität und Kultur zu zerstören. Ein Gerät, das in China entworfen, produziert, verkauft, verwendet und recycelt wird, wird nicht mit einem konkurrieren müssen, das mittels eines modularen Produktionsmodells in Zentralafrika, im Baltikum oder in Brasilien erzeugt wird. Wir werden mehr Möglichkeiten haben, vor Ort einzukaufen und dem vollständigen Lebenszyklus, den Gewinnen und Kosten unserer Konsumgüter enger verbunden zu sein.

Auch wenn ich nicht glaube, dass all unsere derzeitigen Führer in Politik und Wirtschaft sich ändern können oder werden, bin ich doch *recht* optimistisch, dass wir als Designer, Führungskräfte und

Verbraucher aufgrund unseres Verständnisses für die Notwendigkeit von Veränderung bereit sind, uns wie nie zuvor mobilisieren zu lassen. Wir haben die effizientesten Werkzeuge zur Information und Beeinflussung in der Geschichte, und sie haben uns an die Schwelle zu einer neuen Zeit gebracht, die von neuen Grundsätzen geleitet wird und von dem absolut dringenden Bedürfnis nach und den unbegrenzten Möglichkeiten für Veränderung definiert wird. Wir sind bereit, unseren Einfluss über die Grenzen von Bits und Atomen hinaus zu erweitern und zwar direkt in die Anordnung von Neuronen und Genen hinein, während das Design den Königsweg der fortschrittlichen wissenschaftlichen Forschung und der Steigerung der menschlichen Leistungsfähigkeit beschreitet. Während wir uns auf das Betreten dieser riesigen neuen Welt der Kreativität in Unternehmen, Wissenschaft und Industrie vorbereiten, kann uns unsere Beherrschung der heutigen »schon hier«-Herausforderungen leiten, während wir das »Morgen« zu einem produktiven und humanistischeren Abenteuer machen. Willkommen auf dieser Reise!

Danksagung

Mir ist es nicht leicht gefallen, die Danksagung für dieses Buch zu schreiben. So viele Menschen waren wichtig. Ich liebe Fußball und vielleicht eignet sich mein Lieblingssport ganz gut für einen Vergleich. Ein gutes Spiel ist immer die Erfahrung, harte Arbeit und Leidenschaft vieler. Nach jedem guten Spiel bin ich heiser, weil ich je nachdem wie das Spiel läuft, voller Freude oder Frust meine Mannschaft anfeuere.

Die Menschen bei Jossey-Bass waren die Trainer und Manager, die alles zusammengeführt haben: Karen Murphy, Lorna Gentry und ihr Team hatten den Mut, dieses Buch auf den Weg zu bringen. Für die deutsche Ausgabe haben sich Markus Wester, Sabina Englert und die Übersetzerin Kirsten Arend-Wagner mehr als verdient gemacht.

frog war mein »Wembley Stadion«, seit Jahrzehnten der beste Ort der Welt – der Ort, an dem ich mich meist herausragend fühlen durfte, aber auch manche Niederlage einstecken musste. Ein riesengroßes Dankeschön an Doreen Lorenzo, Mark Rolston, Collin Cole, Bettina Teschner und den vielen anderen Spielern, die sicherstellen, dass wir auch weiterhin jeden Tag unser Spiel gewinnen. Tim Leberecht, Sam Martin, Sarah Munday und das Marketing-Team bei frog sind großartige Cheerleader, die uns immer in Schwung halten.

Schwungrat. Hartmut Esslinger
Copyright © 2009 WILEY-VCH Verlag GmbH & Co. KGaA, Weinheim
ISBN: 978-3-527-50492-3

Menschen, die uns die Chance gegeben haben zu siegen, gibt es viele. Alle Kunden von frog stellen sich jeden Tag der Herausforderung des globalen Wettbewerbs. Und meine Schützlinge an der Hochschule für Angewandte Kunst in Wien überraschen mich jeden Tag aufs Neue und sind für mich eine großartige Lernerfahrung. Ich erwarte mir viel von ihnen.

Und schließlich meine Familie. Sie ist mein Rückgrat. Wir sind ein bunt gemischtes globales Team, das sich gegenseitig stärkt und uns bei Bedarf auch auffängt, denn wir alle wissen was es heißt zusammenzuspielen.

Danke euch allen!

Literaturverzeichnis

Die folgenden Bücher, Artikel und Online-Publikationen eröffnen Ihnen interessante Perspektiven auf Themen, mit denen sich dieses Buch beschäftigt. Ich lege sie Ihnen ans Herz, weil sie Ihnen dabei helfen werden, die komplexen und dynamischen Beziehungen, die Wirtschaft, Kultur und Design miteinander verbinden, besser zu verstehen.

Cunningham, J. A. (2006). *The Hollowing of America*. Saratoga, CA: Dark Angel Number Thirteen Publishing Company.

Estridge, P. D. (1984, November). »What Makes a Computer Personal?« *Creative Computing*, 10(11), 194.

Frieberger, P., & Swaine, M. (2000). *Fire in the Valley: The Making of the Personal Computer*. New York: McGraw-Hill.

Gershenfeld, N. (2005). *FAB: The Coming Revolution on Your Desktop – From Personal Computers to Personal Fabrication*. New York: Basic Books.

Gertner, L. V. (2002). *Who Says Elephants Can't Dance?* New York: Harper Business.

Hamel, G. (2002). *Leading the Revolution: How to Thrive in Turbulent Times by Making Innovation a Way of Life*. Cambridge, MA: Harvard Business School Press.

Heiss, J. J. (2003, February 25). »The Future of Virtual Reality: Part Two of a Conversation with Jaron Lanier.« *Sun Developer Network* online. http://java.sun.com/features/2003/02/lanier_qa2.html

Illich, I. (1973). *Tools for a Convivial Society*. New York: Harper & Row.

Kawasaki, G. (2004). *The Art of the Start: The Time-Tested, Battle Hardened Guide for Anyone Starting Anything*. New York: Portfolio.

Kant, Immanuel, mit Paul Guyer und Alan Woods (Hrsg.) (1999). *Critique of Pure Reason* (1781). London: Cambridge University Press.

Kelley, T., & Littman, J. (2005). *The Ten Faces of Innovation: IDEO's Strategies for Defeating the Devil's Advocate and Driving Creativity Throughout Your Organization.* New York: Doubleday Business.

Kidder, T. (2000). *The Soul of a New Machine.* Newport Beach, CA: Back Bay Books.

Ohmae, K. (1991). *The Mind of the Strategist: The Art of Japanese Business.* New York: McGraw-Hill.

Peters, T., & Waterman, R. (2004). *In Search of Excellence: Lessons from America's Best-Run Companies.* New York: Collins Business.

Reardon, M. (2008, October 30). »Motorola's Struggle for Survival.« *CNET News* online edition. http://news.cnet.com/ 8301-1035_3-10079539-94.html

Roach, S. S. (2004, July 22). »More Jobs, Worse Work.« *The New York Times.*

Rule, A. (2008, January 11). »The Revolution Will Not Be Designed.« *In These Times* online magazine. http://www.inthesetimes.com/ article/3464/the_revolution_ will_not_be_designed/

Smith, A. (2008). *Theory of Moral Sentiments* (1759). Bibliolife. http://bibliolife.com/

Smith, A. (2007). *The Wealth of Nations* (orig. 1776). Hampshire, UK: Harriman House.

U.S. House of Representatives Committee on Oversight and Government Reform. (2007, December). *Political Interference with Climate Change Science Under the Bush Administration.* http://oversight.house.gov/ documents/20071210101633.pdf

Stichwortverzeichnis

Schwungrat. Hartmut Esslinger
Copyright © 2009 WILEY-VCH Verlag GmbH & Co. KGaA, Weinheim
ISBN: 978-3-527-50492-3